Éducation morale et instruction professionnelle

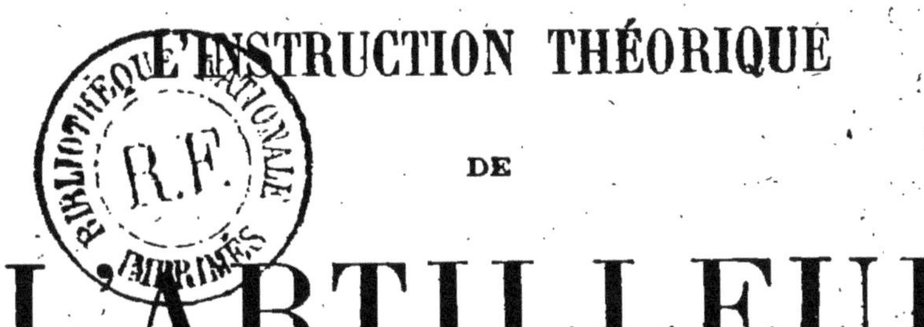

L'INSTRUCTION THÉORIQUE
DE
L'ARTILLEUR
PAR LUI-MÊME

Par **F. C.**

OFFICIER SUPÉRIEUR DE LA 20e RÉGION DE CORPS D'ARMÉE

EXTRAIT

Des divers Services et Règlements militaires

9e édition. A.

Ce livre est écrit pour le Canonnier.

LIBRAIRIE MILITAIRE BERGER - LEVRAULT

Éditeurs de l'*Annuaire officiel de l'Armée*

PARIS — RUE DES BEAUX-ARTS, 5-7 | NANCY — RUE DES GLACIS, 18

PRINCIPES

L'honneur, le patriotisme et la force assurent à une nation le respect du monde entier !

Dans une armée, l'esprit de sacrifice et la volonté de vaincre donnent le succès.

L'audace, la marche en avant et l'offensive permettent seules d'obtenir des résultats décisifs.

Il faut non seulement se défendre, mais encore il faut être victorieux.

En campagne, le soldat instruit de ses devoirs, qui aura du sang-froid, du cœur, du courage, de la confiance en lui-même, en ses camarades et en ses chefs et qui, dans la lutte, apportera de l'ardeur, de l'énergie et de l'intelligence, permettra au chef de tout oser et de rapidement imposer sa volonté à l'adversaire !

***

L'armée française et la nation doivent s'accorder réciproquement une confiance entière.

NOTA

La loi du 9 novembre 1911 a institué une médaille commémorative de la guerre de 1870-1871. — On doit respecter les vieux braves qui ont fait cette terrible guerre et qui sont médaillés (Ruban vert à rayures noires).

RENSEIGNEMENTS

POUR L'ARTILLEUR :

......e Régiment de ....e batterie.

......e groupe ....

Nom du canonnier : ....

N° matricule : .... N° du mousqueton : ....

N° du revolver : .... N° du sabre : ....

Nom du cheval : ....

....

LES GÉNÉRAUX :

M. .... commandant le ......e corps d'armée.

M. .... commandant la ......e division.

M. .... commandant la ......e brigade d'artillerie.

M. .... commandant l ....

LE RÉGIMENT :

Colonel : M. ....

Lieutenant-colonel : M. ....

Chef d'escadron : M. ....

Id. M. ....

Médecin-major de 1re classe : M. ....

Médecin-major de 2e classe : M. ....

Médecin aide-major : M. ....

Vétérinaire en 1er : M. ....

Vétérinaire en 2e : M. ....

Aide-vétérinaire : M. ....

LA BATTERIE :

Capitaine commandant : M. ....

Lieutenant comm[t] la 1re section : M. ....

Lieutenant comm[t] la 2e section : M. ....

Com[t] la 3e section : M. ....

Com[t] la 4e section : M. ....

.... Maréchal des logis chef.

.... Maréchal des logis fourrier.

.... Brigadier-fourrier.

.... Maréchal des logis.	.... Brigadier.
.... Id.	.... Maréchal.

....

....

....

....

Composition du régiment

Le ......e régiment comprend .... batteries montées, ... batteries à cheval, ... batteries à pied.

Il occupe les garnisons suivantes : ....

....

....

....

NOTA

Le capitaine commandant la batterie prend toutes mesures nécessaires pour empêcher l'introduction dans sa compagnie d'écrits, journaux ou publications pouvant nuire à la discipline ou pousser, soit à l'abandon des devoirs militaires, soit à l'inobservation des lois : il réprime sévèrement toute tentative de propagande faite dans ce sens (art. 99 du Service intérieur).

AVIS PARTICULIER POUR LE CANONNIER

Jeune soldat !

L'Allemagne a déclaré la guerre à la France ! Elle voudrait la détruire.

Forts de notre droit et de la justice, nous luttons avec ardeur, c'est pour cela que vous venez à l'armée soit comme appelés, soit comme engagés volontaires avant la date fixée par la loi ; vous voulez aussi prendre part à cette guerre acharnée et colossale contre l'Allemagne et l'Autriche.

Ces deux puissances ont contre elles : la France, la Russie, l'Angleterre, la Belgique, la Serbie, les États Balkaniques et le Japon. L'opinion générale du monde entier est contre l'Allemagne. Espérons que bientôt nous l'aurons réduite et que son affreuse barbarie sera réprimée par notre belle civilisation. Pour cela il nous faut des soldats au cœur bien droit. Venez donc, jeunes gens, votre grand rôle sera beau pour l'avenir de la France ! ! !

Le jeune Français arrive au régiment pour obéir à la loi militaire judicieusement faite pour l'honneur de la France et pour la conservation de ses richesses et des foyers du Pays. L'esprit français est d'ailleurs tout disposé au service militaire, qui se fait au moment où la carrière du jeune homme est préparée mais pas encore définitivement établie ; on ne recule donc que de quelques années les occupations et les affaires particulières de la vie, mais pendant ce temps on travaillera pour le bien général du pays, pour la Patrie et on se formera le caractère par l'union et l'égalité de tous.

Au canonnier, lecteur de ce livre, nous souhaitons qu'il devienne un bon soldat, qu'il fasse avec plaisir et de bon cœur son service militaire auquel il voudra bien s'intéresser. En sa qualité de canonnier il saura que l'artillerie dans laquelle il sert, est l'arme savante et minutieuse qui, par son adresse et son énergie, aidera l'infanterie dans le combat en ébranlant et en saccagant l'ennemi sur lequel elle marche. L'artillerie collaborera donc grandement au succès général de l'armée. D'ailleurs, dans la guerre actuelle, son rôle est remarquable sur tous les champs de bataille. C'est elle qui fait la guerre et qui épouvante et tue l'ennemi.

Ce petit livre est écrit pour le canonnier, qui ne doit jamais oublier les devoirs de dignité et d'honneur que sa tenue et sa situation lui imposent.

L'auteur a eu pour but de condenser en quelques pages, dans un style concis, tout ce que le canonnier *doit savoir*. Celui-ci y apprendra ses devoirs et la conduite à tenir dans presque tous les cas où il peut se trouver.

Il importe que le canonnier passe le moins de temps possible aux instructions intérieures ou théorics dans les chambres, car son travail est compliqué : il faut qu'il apprenne la manœuvre à pied, l'instruction spéciale d'artillerie, l'école à cheval, la manœuvre des batteries attelées, la conduite des voitures, et il faut qu'il devienne un bon tireur, un excellent pointeur, un soldat fanatique et dévoué. En outre, en dehors de son instruction, il doit entretenir parfaitement tous ses effets d'habillement, d'équipement, de harnachement, et donner des soins journaliers et constants à son cheval, s'il est monté.

Le canonnier étudiera successivement les chapitres de ce livre, *comme l'écolier étudie sa leçon de chaque jour;* l'instructeur donnera des explications et fera les démonstrations nécessaires; alors le soldat pourra répondre et agir, il saura ce qu'un canonnier doit connaître, et son âme sera pénétrée des sentiments du devoir militaire que tout citoyen doit à sa patrie, puis il se rappellera toujours que son seul but est d'être victorieux dans la prochaine campagne.

Ce questionnaire ne doit pas être appris mot à mot, il faut simplement le lire plusieurs fois de façon à bien s'en pénétrer.

Lorsque le canonnier est interrogé, il doit répondre simplement dans son langage habituel en cherchant à bien donner le sens de ce qu'il a étudié et compris.

C'est là le seul moyen d'acquérir convenablement l'instruction théorique qui est nécessaire à chaque soldat.

Les dernières guerres qui se sont faites ont partout démontré l'importance du soldat isolé, de là résulte la nécessité d'une préparation personnelle plus intensive.

D'ailleurs le soldat d'aujourd'hui n'a point le temps d'attendre que l'expérience lui permette de se diriger de lui-même dans tous les petits détails de la vie militaire. Il faut que rapidement il puisse faire tout le service et que, rapidement après son arrivée au corps, il soit apte à entrer en campagne dans des conditions bonnes et acceptables, pour pouvoir lutter contre nos adversaires.

Ce livre vient à lui pour l'aider dans son travail, il y apprendra assez rapidement tout ce que l'expérience aurait mis plusieurs années à lui enseigner.

Canonniers,

Le service militaire que vous accomplissez est un des devoirs sacrés du citoyen français!

Vous ne devez pas seulement passer sous les drapeaux un temps fixé par la loi, ce serait du temps presque perdu, mais vous devez y travailler convenablement pour être un défenseur réel et consciencieux du territoire de la France et de ses colonies, un soldat accompli et parfait, sur lequel le pays pourra absolument compter.

Vous devez arriver à bien manœuvrer vos armes et vos canons dont la valeur est connue du monde entier, à bien occuper votre place dans le rang quel que soit votre emploi, à être un bon tireur, un pointeur émérite, un bon combattant, un habile conducteur de votre cheval, qui a droit à vos bons soins.

En votre qualité de citoyen libre, de militaire français, vous devez avoir à honneur d'être un soldat instruit, propre, bien équipé, de bonne conduite, honnête, respectueux de la discipline, obéissant toujours aux ordres de vos officiers et de vos gradés ; vous aurez du cœur, de l'amour-propre et la passion d'être victorieux. Ayez tout le dévouement nécessaire et la volonté absolue pour la défense de la Patrie française à n'importe quelle époque de votre vie militaire.

Que ce petit livre vous aide dans votre grand et beau devoir militaire ; c'est notre but !

Vive la France !

F. C.

SOMMAIRE GÉNÉRAL DE CE VOLUME

L'ouvrage est divisé en 6 parties qui sont :

1re Partie. — **Instruction des militaires et obtention des grades pour les artilleurs.**

2e Partie. — **Éducation morale du soldat.**

3e Partie. **Éducation générale pour le temps de paix.**

4e Partie. **Service de guerre.**

5e Partie. - **Du cheval et des soins à lui donner.**

6e Partie. — **Devoirs du soldat dans ses foyers, après sa libération du service actif.**

L'INSTRUCTION THÉORIQUE
DE L'ARTILLEUR
PAR LUI-MÊME

PREMIÈRE PARTIE

INSTRUCTION DES MILITAIRES ET OBTENTION DES GRADES POUR LES ARTILLEURS

CHAPITRE I

L'INSTRUCTION DU SOLDAT

1. D'après le sens et l'esprit des règlements militaires, pour former un soldat parfait, un canonnier capable de remporter la victoire en campagne, il y a deux instructions à lui donner pendant sa présence au corps :

1° L'instruction militaire proprement dite;

2° L'éducation morale et la formation de l'âme du soldat.

L'instruction militaire de l'artilleur.

2. Dans tout ce qui est exercice ou manœuvre, le canonnier doit y montrer du zèle et une bonne volonté complète. C'est là une nécessité qui est possible pour tous.

Conseils relatifs à l'Instruction militaire.

La *préparation à la guerre* est le seul but de l'instruction militaire.

Seule la volonté de vaincre assure le succès.

L'instruction militaire proprement dite ne se donne pas dans les théories, ni dans les chambres, ni dans les conférences, elle ne s'acquiert que par des exercices et des manœuvres sur le terrain, souvent répétés et minutieusement exécutés. Cependant, il a semblé bon d'en dire quelques mots aux soldats.

Le soldat, pendant son temps de service actif, doit apprendre d'une façon complète et parfaite tout ce qui fait partie de l'instruction militaire de façon à devenir le défenseur vrai et réel que le pays compte qu'il sera. Pour cela, il doit travailler à son instruction et arriver à être parfait et à savoir tout ce qu'il doit savoir. La France aura alors une armée forte et solide qui sera victorieuse.

Il importe absolument que tout canonnier devienne un bon soldat, puis un utile et réel défenseur de la patrie, aussi doit-il consacrer son énergie et une volonté complète à bien manœuvrer, à devenir un bon tireur, un bon pointeur et un bon cavalier, s'il a un cheval.

Instruction à pied.

3. L'instruction à pied a pour objet :

1° De discipliner les hommes de recrue et de les mettre en état de manœuvrer correctement en troupe ;

2° De leur donner une attitude militaire, de développer leur adresse et leur vigueur et d'augmenter leur endurance ;

3° De les mettre en mesure de faire usage de leurs armes dans toutes les circonstances qui en comportent l'emploi à la guerre et aussi dans le service de garnison.

L'instruction à pied comporte :

1° L'*éducation physique ;*

2° La *manœuvre à pied* proprement dite.

L'éducation physique est donnée conformément aux prescriptions du Règlement d'éducation physique du 21 janvier 1910.

La manœuvre à pied comprend l'instruction individuelle et l'instruction d'ensemble.

Instruction individuelle.

4. L'instruction individuelle est la base de l'instruction à pied et de l'éducation militaire des hommes de recrue. On doit y consacrer tous les soins et le temps nécessaires, et ne commencer l'instruction d'ensemble que lorsque les canonniers sont suffisamment assouplis et bien confirmés dans l'éxécution de tous les mouvements.

Elle comprend :

Le travail sans armes ;

Le travail en armes ;

L'emploi des armes.

Instruction d'artillerie.

Principes généraux. — But et division de l'instruction.

5. L'unité de tir est la batterie. L'unité tactique est le groupe : le chef de groupe, en principe, indique l'objectif à frapper, le commandant de batterie porte les coups appropriés à l'objectif.

Le but de l'instruction d'artillerie est de former en vue du combat :

1° Des batteries disciplinées et maniables aux mains d'un commandant de batterie;

2° Des commandants de batterie habiles à manier une batterie et à en faire un emploi efficace contre des objectifs qu'on leur désigne.

En conséquence, l'Instruction d'artillerie se divise en deux parties :

École de la troupe ;

École du commandant de batterie.

École de la troupe.

6. L'*école de la troupe* est divisée en :

École du canonnier servant;

École de la pièce;

École de batterie.

L'*école du canonnier servant* a pour objet d'enseigner à tous les servants les opérations individuelles qu'ils peuvent avoir à exécuter pour le tir.

La rapidité du tir, qui est la propriété essentielle du canon de campagne, nécessite dans la manœuvre beaucoup de promptitude et de sûreté; les différents mouvements se succèdent presque sans arrêt; de plus, chaque servant pouvant agir indépendamment des autres, les opérations de la charge se font simultanément.

La surveillance des détails étant rendue difficile, on devra consacrer un nombre de séances suffisant à l'instruction individuelle, en cherchant à développer chez le canonnier les qualités d'exactitude et de conscience indispensables; on n'abordera l'*école de la pièce* qu'avec des servants capables d'exécuter parfaitement et sans aucune hésitation les diverses opérations de l'école du canonnier servant.

Tous les mouvements doivent être exécutés vivement et avec une attitude militaire compatible avec les opérations du service de la pièce.

Il est avantageux, dès les premières séances consacrées à cette instruction, de faire tirer quelques coups de canon devant les canonniers, afin que ceux-ci puissent se rendre compte du fonctionnement du matériel et saisir rapidement les raisons des dispositions qui leur seront enseignées ultérieurement. La pratique du tir réel, lorsqu'elle est possible, se combine d'ailleurs toujours très avantageusement avec l'instruction de détail.

En principe, tous les canonniers servants doivent être en mesure de remplir tous les postes autres que celui du pointeur.

L'instruction des pointeurs est poussée assez activement pour que les canonniers qui la suivent soient à même de remplir les fonctions de pointeur dès qu'on commencera l'*école de batterie.*

Les conducteurs ne reçoivent en principe que l'instruction relative aux postes de pourvoyeur et de chargeur.

L'*école de la pièce* est une instruction d'ensemble qui sert à coordonner les différents mouvements individuels pour assurer le service rapide de la pièce.

Pour toutes les manœuvres de cette école, l'instructeur doit exiger tout d'abord une grande régularité dans les mouvements individuels; la rapidité viendra ensuite d'elle-même.

L'*école de batterie* a pour but de rompre le personnel de chaque batterie à la discipline du feu et à la pratique de toutes les opérations que comporte l'exécution du tir.

L'école de la troupe ne comporte, en principe, que des commandements et des mécanismes d'exécution.

École du commandant de batterie.

7. L'*école du commandant de batterie* correspond aux opérations successives qu'un commandant de batterie doit faire exécuter au combat :

Préparation du tir;
Exécution du tir;
Conduite du feu.

Instruction à cheval.

8. L'instruction à cheval a pour but d'apprendre au canonnier à monter à cheval et à conduire un attelage de manière à pouvoir assurer la traction régulière d'une voiture et faire exécuter correctement à celle-ci ou à son avant-train tous les mouvements qui trouvent leur application à la manœuvre des batteries attelées et au service en campagne.

Elle comprend deux phases successives :

1° L'école du canonnier à cheval;
2° L'école du canonnier conducteur,

dont la seconde peut d'ailleurs être entamée sans attendre que la première soit complètement achevée.

Instruction pour la préparation au tir de guerre.

9. L'artillerie pouvant, comme les autres armes, être appelée à combattre à toute époque, doit toujours être en état d'entraînement pour le tir.

La troupe se renouvelle chaque année, la majorité des sous-officiers et les officiers sont permanents; il ne s'agit pour eux que d'améliorer une instruction acquise.

Les exercices de tir initient les jeunes soldats au service complet de la bouche à feu. En même temps, ils confirment les anciens et les gradés.

Mais, surtout s'ils n'étaient exécutés que pendant une période limitée, les exercices de tir seraient insuffisants par eux seuls pour maintenir constamment à hauteur la préparation commune de la troupe et des officiers.

Par un travail réparti sur l'année entière, on a l'obligation de conserver l'acquit antérieur et de préparer de nouveaux progrès.

La période d'hiver oblige à concentrer les principaux efforts sur la formation des recrues.

Mais un exercice hebdomadaire au moins devra rassembler les gradés et les anciens soldats (auxquels peu à peu les jeunes se joindront) et remettre la batterie en main pour l'exécution correcte des mécanismes de l'école de batterie.

Service en campagne.

10. Le service de l'artillerie est chargé du ravitaillement des troupes de toutes armes en munitions et du remplacement des armes.

Toute cette instruction de l'artilleur s'apprendra lentement dans les exercices et dans les manœuvres de tous les jours. L'artilleur doit y être patient et y donner toute son attention pour bien comprendre, pour bien faire et pour bien retenir.

Il deviendra alors un canonnier parfait.

CHAPITRE II

FORMATION DU MORAL DU SOLDAT

11. Les exercices pratiques, les marches, les exercices, les manœuvres, les travaux de campagne, le tir et les feux de combat dans le tir progressif, le tir fusant et le tir percutant forment un soldat ou un artilleur habile et adroit; mais à côté de cette habileté et de cette adresse, il faut songer à devenir un homme audacieux, énergique, sûr et certain malgré les émotions et les fatigues.

Il faut donc travailler toujours, il faut obtenir la discipline des âmes, des cœurs, des énergies, des dévouements et de la volonté absolue, il faut être prêt au sacrifice individuel complet pour le bien et la gloire de la Patrie.

La caserne et la bataille sont les deux faces du devoir militaire; ce devoir militaire est fait pour obtenir le bien du pays. Tout procédé suffisant à la caserne et insuffisant à la bataille est à rejeter. Les deux procédés qu'il faut sont : l'héroïsme et le dévouement complet en campagne et la bonne volonté absolue à la caserne en temps de paix.

Qui peut le plus, peut le moins. En campagne vous devrez risquer sciemment votre existence, mais en temps de paix, vous devez donner à la manœuvre ou à l'exercice du zèle et une bonne volonté grande et complète. C'est là une nécessité que chacun comprend.

A la guerre, on rencontrera quelquefois la griserie du champ de bataille, mais le plus souvent, il n'y en aura pas, car les grands engagements sont moins fréquents et moins rapides qu'aux grandes manœuvres. On aura à supporter des fatigues et des peines parfois énormes, des marches dans la boue ou dans des terres, des attentes interminables, on fera un tir incertain sur un ennemi dissimulé, bien terré à grandes distances. Le soir on aura souvent un cantonnement étroit pour s'entasser, on sera toujours sur le qui-vive et les repas seront irréguliers..... Malgré ces misères, il faudra avoir du dévouement, des qualités de patience, de volonté et d'endurance, puis une héroïque passion d'être victorieux.

Pour y arriver, il faut aimer avant tout son pays et il faudra haïr l'ennemi national.

Le devoir du soldat est de s'y préparer toujours en apportant dans le service une entière bonne volonté et un grand dévouement.

La troupe doit partout se préparer à avoir de la cohésion, à posséder toujours cette cohésion qui résulte du dévouement à la Patrie et qui s'obtient par cet amour et cette fidélité permanente aux chefs et aux officiers qui ont l'honneur d'être les agents de la Patrie.

Chaque homme doit donc développer son amour de la Patrie, qui est la base morale essentielle de l'armée française. C'est le plus impérieux des devoirs !

12. Artilleurs, soldats français, soyez des soldats fidèles, amoureux de votre service pour la Patrie, ayez du courage, de l'ardeur, la volonté de vaincre et un dévouement complet au sacrifice, la France pourra absolument compter sur vous, quand, à côté de ces belles qualités morales, vous serez aussi des artilleurs instruits militairement, de bons tireurs et d'excellents pointeurs.

Toujours la victoire ira au grand dévouement, et comme le dévouement a sa source habituelle dans la passion de vaincre et dans l'amour de la Patrie, toujours la victoire ira à la passion.

CHAPITRE III

OBTENTION DES GRADES POUR LES CANONNIERS

13. *Les gradés* sont des gens choisis, pour leur valeur personnelle, parmi les meilleurs soldats ayant un bon moral, un entier dévouement, une bonne instruction et capables de commander scrupuleusement avec intelligence; de diriger d'autres hommes et de les entraîner au bien.

Brigadiers. — Les soldats jugés aptes à devenir des brigadiers sont désignés par leur capitaine; ils étudient alors les règlements de manœuvre et les diverses instriuctons; ils suivent des cours spéciaux, et ceux qui obtiennent de bonnes uotes et qui font preuve d'une bonne aptitude au commandement peuvent être nommés brigadiers, par le colonel ou le commandant du corps, lorsqu'ils ont six mois de service (ou quatre mois pour ceux qui avaient obtenu à leur arrivée au corps le brevet d'aptitude militaire), s'il y a des vacances dans le grade.

Sous-officiers. — Parmi les brigadiers ayant au moins cinq mois de grade et choisis parmi les plus instruits au point de vue militaire, les plus travailleurs et les plus aptes au commandement, le chef de corps nomme les sous-officiers selon les besoins.

Le soldat intelligent, assez instruit, énergique et travailleur, peut espérer arriver sous-officier s'il travaille convenablement.

Les gradés ont tous une responsabilité, variable selon leur grade; ils obéissent aux règlements et instructions et ils doivent arriver à faire bien appliquer par les soldats sous leurs ordres les règlements, les instructions et les ordres donnés; ils ont plus à travailler que les simples soldats. Ils ont des droits qui leur sont donnés par leur autorité. On doit donc les respecter, leur obéir et se comporter convenablement avec eux.

Ils sont d'ailleurs des hommes sérieux avec les artilleurs et ils reçoivent à ce sujet des ordres précis.

Les gradés sont une force solide et importante qui donne de la valeur à une troupe, à l'armée.

Les gradés doivent traiter les militaires sous leurs ordres, avec un esprit de justice et de bienveillance. Ils doivent éviter les violences, les abus d'autorité, les brimades, les écarts du langage et ils n'emploient jamais le tutoiement à l'égard des inférieurs.

14. *Sous-officiers rengagés.* — La valeur du sous-officier

augmente quand il veut bien se consacrer plus complètement à l'armée, c'est-à-dire quand il rengage.

Les sous-officiers rengagés sont un appoint précieux pour une troupe dont ils augmentent la force et la valeur. Aussi l'État leur accorde-t-il une considération spéciale, une situation meilleure et une solde supérieure à celle des autres sous-officiers; une haute paie; ils peuvent se marier et, à leur libération, ils obtiennent un emploi civil, selon leur instruction, puis une retraite s'ils sont restés au moins quinze années au service militaire.

Le nombre des sous-officiers autorisés par la loi à rester sous les drapeaux, en vertu d'un rengagement, est fixé aux deux tiers de l'effectif total des sous-officiers.

Toutefois, ce nombre pourra être porté aux trois quarts de cet effectif par la nomination au grade de sous-officiers de brigadiers rengagés. La moitié des vacances de sous-officiers rengagés leur sera réservée.

Le nombre des brigadiers rengagés est fixé à la moitié de l'effectif total dans l'artillerie à cheval des divisions de cavalerie et des groupes autonomes d'artillerie de campagne d'Afrique; celui des brigadiers rengagés est fixé au quart de l'effectif dans les autres corps de l'artillerie.

15. *Officiers de réserve pris parmi les soldats de l'artillerie.* — Chaque année, au bout de six mois de service, entre les soldats incorporés, appelés ou engagés, un concours est ouvert pour l'admission aux Écoles militaires d'artillerie, du génie ou d'administration. Après un an de service à la caserne, les candidats admis entrent à l'École. La durée des études y est d'un an. A leur sortie les élèves sont nommés aspirants. Ils accomplissent le dernier semestre de leur troisième année de service comme sous-lieutenants de réserve.

A leur libération, ils sont nommés officiers dans la réserve et doivent conserver leurs fonctions pendant un temps fixé par le ministre de la Guerre au moment du concours.

A l'expiration de ce temps, ils peuvent renoncer à leur grade. Ceux qui le conserveront seront astreints à des périodes d'exercices fixées par le ministre de la Guerre.

Celui-ci pourra également autoriser, chaque année, un certain nombre de sous-lieutenants à rester dans l'armée active; ils ne pourront être nommés lieutenants qu'après un séjour dans une école d'application.

16. *Sous-lieutenants de l'armée active.* — Les sous-officiers qui sont dans les conditions d'ancienneté voulues, qui ont assez d'instruction générale, qui ont une belle instruction militaire et une bonne éducation peuvent, sur leur demande, être admis à concourir pour entrer à l'École militaire de Fontainebleau.

Ceux qui sont reçus à cette école y restent une année puis ils en sortent sous-lieutenants de l'armée active.

NOTA

Étudiants sous les drapeaux. — Les étudiants des classes 1913 et suivantes sont autorisés à faire acte de scolarité sous les drapeaux dans les conditions prévues par l'arrêté du 15 avril 1914 qu'ils peuvent demander à consulter chez le major ou chez le trésorier.

Allocation aux familles des soldats qui étaient les vrais soutiens de famille.

(Loi du 7 août 1913.)

Les familles des militaires remplissant effectivement, avant leur départ pour le service, les devoirs de soutiens indispensables de famille, auront droit sur leur demande, en temps de paix, à une allocation journalière fournie par l'État pendant la présence de ces jeunes gens sous les drapeaux.

Cette allocation est fixée par jour à 1f 25. Elle sera majorée de 50 centimes pour chaque enfant au-dessous de seize ans.

Les demandes sont adressées par les familles au maire de leur commune.

DEUXIÈME PARTIE

ÉDUCATION MORALE DU SOLDAT

CHAPITRE IV

LES FORCES MORALES

I. — Les forces morales.

1. La *préparation à la guerre* doit être le but unique de l'instruction des troupes, qui, en tout temps, doivent être en état de remplir leur *mission de guerre.*

L'instruction professionnelle doit être soutenue par des sentiments moraux assez puissants pour que toute troupe soit apte à accomplir les tâches les plus rudes, à s'imposer toutes les énergies, à accepter tous les sacrifices et à triompher des plus grandes difficultés.

Les forces morales constituent les facteurs les plus puissants du succès; elles vivifient l'emploi des moyens matériels, dominent toutes les décisions du chef et président à tous les actes de la troupe.

L'*honneur*, le *patriotisme*, inspirent les plus nobles dévouements; l'*esprit de sacrifice* et la *volonté de vaincre* assurent le succès; la *discipline* et la *solidarité* garantissent l'action du commandement et la convergence des efforts.

Au combat, le *canonnier* fait appel aux plus nobles inspirations de son cœur, à son énergie, à son instruction militaire. Confiant en ses chefs, il doit, dans toutes les circonstances, obéir comme eux aux sentiments d'honneur, de discipline et d'abnégation.

C'est la valeur des troupes qui décide des affaires en dernier ressort : quel que soit leur nombre, quelle que soit l'habileté des combinaisons du chef, il faut toujours, sur certains points, résister jusqu'au bout et se faire tuer sur place plutôt que d'abandonner le drapeau; sur d'autres, marcher coûte que coûte à l'ennemi et le chasser de sa position.

Le soldat dirigé par ses officiers doit s'exercer à acquérir les qualités qui feront de lui un terrible et vaillant combattant qui saura remporter les victoires.

2. Les qualités principales d'une troupe sont :

Les qualités passives, qui comprennent : la *résistance*

aux fatigues, l'*endurance aux souffrances*, l'*habileté à utiliser le terrain ;*

Les qualités actives qui comprennent : l'*habileté à exécuter les manœuvres*, l'*adresse dans le pointage, dans le tir*, et *dans l'emploi de ses armes ;*

Les qualités impulsives, qui comprennent : l'*audace énergique dans l'attaque* et la *vigueur dans l'emploi de son sabre ou de sa baïonnette ;*

Les qualités morales, qui comprennent : l'*amour de sa patrie et du drapeau*, le *sacrifice*, la *volonté*, l'*enthousiasme*, l'*honneur*, le *respect de la discipline et des supérieurs*, puis la *volonté absolue de vaincre*.

Le moral d'une troupe non aguerrie peut être ébranlé dans les premiers combats. Il importe donc, pendant la paix, d'élever bien haut l'esprit et le cœur du soldat et de le convaincre que le salut de la Patrie dépendra de son aptitude à supporter virilement les fatigues et les privations de la guerre, comme de sa ténacité, de sa bravoure et de son entrain au feu.

3. Les qualités morales sont celles de l'âme humaine. Ce n'est pas avec les procédés et les engins, même les plus terribles, qu'on gagne les batailles. C'est avec l'âme qui est l'étincelle et le feu de l'homme. Un beau moral, voilà la poudre et l'explosif qui donnent la victoire.

Les forces morales vivifient l'emploi des moyens matériels; elles dominent toutes les décisions des chefs et doivent inspirer tous les actes de la troupe.

L'honneur et le patriotisme suscitent les plus nobles dévouements; la discipline et la solidarité garantissent l'action du commandement et la convergence des efforts; la volonté de vaincre et l'esprit de sacrifice assurent le succès.

Avec la possession de toutes ces qualités, soldats, vous saurez faire effort pour agir avec l'intention ferme et résolue du mouvement, de l'action qui procureront la victoire du pays, de la France.

Canonniers, soldats, le pays compte sur vous !

Règles de conduite individuelle.

4. La force morale de l'armée résultant, avant tout, de l'union absolue de tous ceux qui la composent et de la confiance entière qu'ils doivent avoir les uns dans les autres, les soldats et les militaires de tout grade doivent éviter, dans leurs rapports réciproques, tout acte, toute controverse, toute affirmation d'opinion qui pourraient faire naître la désunion. Dans le service, ils ne doivent avoir d'autre souci que celui de remplir fidèlement leur devoir; hors du service, ils doivent s'abstenir strictement de tout acte qui pourrait leur aliéner la considération de leurs chefs, de leurs camarades ou de leurs subordonnés.

Les chefs donnent, à tous les degrés, l'exemple de l'observation de ces règles et ils doivent les faire respecter par leurs subordonnés.

II. — La Patrie.

5. La Patrie, c'est la France ; c'est la nation française.

La Patrie, c'est la commune mère de tous les Français ; c'est l'ensemble de nos lois, de nos institutions, de nos habitudes, de nos richesses, de nos souvenirs ; c'est notre sol, ses villes, ses monuments, ses cimetières ; c'est notre belle histoire, nos ancêtres, nos héros, nos gloires, nos douleurs ; c'est notre commerce, nos aspirations ; c'est notre honneur.

Le patriotisme, c'est l'amour de la Patrie.

L'armée est faite pour la Patrie ; elle a pour mission de la protéger et de la défendre.

A la Patrie donc tout ce que nous avons et tout ce que nous pouvons !

L'honneur est la ligne de conduite de l'armée.

La devise de l'armée française est : « Honneur et Patrie. »

L'honneur est un sentiment qui n'admet en toutes actions que le bien, la justice, la loyauté et le désintéressement.

L'honneur militaire c'est l'accomplissement parfait de tous nos devoirs de soldat, c'est la bravoure devant l'ennemi, c'est le sentiment qui, dans le combat, nous fait porter secours aux camarades en danger ; c'est enfin le culte de la loyauté et des sentiments généreux.

III. — Le Drapeau ou l'Étendard.

6. Le drapeau est l'emblème de la Patrie : partout où il flotte, là est la Patrie.

L'étendard du régiment ou le drapeau est non seulement l'emblème de la Patrie, mais encore il est le monument qui rappelle et honore la mémoire de tous ceux qui ont servi, dans ce même régiment, et en particulier de ceux qui y ont bravement versé leur sang pour la France. Il rappelle nos combats et nos gloires.

L'étendard ranime le patriotisme. A sa vue, on fait intérieurement le serment de le suivre partout, de le défendre et de mourir, s'il le faut, pour la gloire du pays et pour la conservation de son intégrité.

Dans le combat le soldat doit toujours se rallier à l'étendard et il doit le défendre partout et toujours, même au péril de sa vie.

Partout on salue le drapeau et l'étendard ; les sentinelles et les postes lui rendent les honneurs avec les armes, les trompettes sonnent la marche.

Rien de matériel ne peut donner l'idée du drapeau ou de

l'étendard. Le drapeau ou l'étendard, c'est l'idéal du sentiment qui exalte la noblesse et la valeur de la France; quand il flotte haut et fier, la France est grande; quand il baisse son pavillon, la France chancelle; quand il est voilé, la France est en deuil.

Les batailles inscrites sur l'étendard du régiment sont :

[Les lire sur le verso de la couverture.]

IV. — La Discipline. Les Ordres. L'Esprit de corps.

7. La discipline est la soumission entière à tous les règlements militaires et l'obéissance complète à tous les chefs.

Ce n'est pas un asservissement, mais un devoir d'homme libre vis-à-vis de l'institution nationale de l'armée qui nous est imposée par la force des choses du monde.

Chaque homme, d'un pays libre et civilisé comme la France, doit se persuader lui-même et posséder intimement la conviction réelle que la discipline est une chose nécessaire et obligatoire. Il doit s'efforcer d'acquérir la vertu de s'y soumettre de lui-même spontanément, sans l'intervention d'aucune contrainte.

Une armée ne peut exister sans discipline, car, sans discipline, il n'y a pas d'armées possibles, elles ne seraient que des bandes dangereuses, incapables d'arriver à un résultat ou d'obtenir le moindre succès.

Dans la famille, dans les sociétés et dans toutes les entreprises civiles, l'exécution exacte des décisions du chef est nécessaire aussi, mais dans l'armée le sentiment de la discipline doit être plus absolu que partout ailleurs.

Différence entre la discipline et les punitions. — Discipline et punitions sont deux choses différentes. Un soldat est discipliné lorsqu'il possède le sentiment intime de l'obéissance et de la soumission, et que, par pur devoir, il le met partout en pratique.

Les punitions ne sont faites que pour la répression des incorrigibles, de ceux qui se dérobent au devoir et de ceux qui ne veulent pas se plier aux exigences de la discipline.

8. *Obéissance.* — On doit obéir immédiatement, sans hésitation ni murmure.

Le militaire doit l'obéissance à tous les gradés qui lui sont supérieurs en grade.

C'est le supérieur qui est responsable de l'ordre qu'il donne.

Le supérieur ne commande qu'en vertu de l'obéissance qu'il doit lui-même à ses supérieurs, aux lois et aux règlements militaires.

Dans l'armée, tout le monde obéit, les soldats, les officiers, les généraux.

Chacun agit selon la volonté du chef de l'armée et selon les prescriptions des règlements.

Le soldat doit exécuter les ordres reçus avec bonne volonté, avec goût et intelligence, et pour le bien du service.

Le soldat, comme tout gradé, qui, dans certaines circonstances, se trouve sans ordres, doit cependant agir de lui-même. Il applique son intelligence et son bon sens à la situation actuelle et il s'inspire de la façon de faire et des intentions de ses chefs.

9. *Solidarité.* — La solidarité est une vertu qui trouve tout particulièrement à s'exercer entre les soldats.

Au régiment on vit de la même vie, on travaille pour le même but, on court les mêmes dangers, aussi a-t-on besoin de s'entr'aider, de vivre en coopération constante, et de faire bénéficier les camarades de son instruction, de ses talents et des diverses connaissances que l'on peut avoir.

10. *Esprit de corps* (1). — L'esprit de corps provient de la camaraderie et de l'amour du régiment; c'est le sentiment bien naturel, qui fait rechercher l'honneur et tout le bien possible pour le corps dont on fait partie.

Pour cela, le soldat doit respecter son uniforme et le numéro de son régiment, faire tout ce qui est en son pouvoir pour le mettre en relief et pour en donner une haute idée par sa belle tenue, par son attitude, par son courage et par une conduite régulière et honnête.

Le bon soldat cherche partout à prouver que son régiment est parfait.

L'esprit de corps excite à accomplir, pour l'honneur du régiment, des actions de valeur, de dévouement et d'audace; il anime les courages, et dans les moments difficiles, il fait donner de bon cœur un suprême effort.

Dans un régiment où existe l'esprit de corps, on ne reste pas en arrière, on va de l'avant, on a du cœur, on marche droit au but, on attaque franchement l'ennemi!

11. *Camaraderie du champ de bataille.* — C'est le sentiment sublime qui fait secourir et protéger les camarades engagés dans le combat.

Si les camarades sont en mauvaise posture devant l'ennemi, il s'agit de les aider, de les dégager et de protéger leur retraite.

A moins d'ordres contraires, toujours il faut marcher au canon et à la fusillade.

(1) Il importe que les soldats lisent et connaissent l'historique du régiment, avec ses beaux faits d'armes.

V. — La volonté. L'enthousiasme. Le sacrifice.

12. *Notre volonté,* c'est nous-mêmes.

Dans la carrière militaire, la volonté n'a qu'à vouloir ce qui est prescrit et ce qui se présente pour le succès d'une affaire, sans avoir à délibérer, sans écouter divers conseils.

Il faut donc s'entraîner à vouloir, s'entraîner à agir, sans dévier sa volonté, à arriver au but, quel que soit l'obstacle ou l'ennemi. Sachons bien qu'on n'arrive à aucun résultat sans la volonté opiniâtre.

Vouloir, c'est se décider, c'est se déterminer.

Notre volonté, à nous, soldats, doit être implacable; chez nous, le vouloir doit être complet, entier et sans défaillances, nous devons posséder le vouloir malgré la fatigue, malgré la souffrance physique, malgré la faim, la soif et le sommeil. Alors une telle volonté épouvantera l'ennemi quel qu'il soit, et lui imposera la peur qui est l'ennemi personnel de la volonté et qui saura rapidement réduire à rien l'adversaire, qui sera ainsi terrassé par vous, les soldats français.

L'intelligence du chef est nécessaire, mais, sachez bien qu'à la guerre l'intelligence a moins de part au succès que le vouloir obstiné et têtu de la troupe entière.

La volonté est la mère de l'audace et de la témérité qui savent procurer la victoire.

13. *L'enthousiasme* est l'exaltation de l'âme qui sait s'emparer d'une masse, d'un peuple ou d'une troupe pour la réussite ou le succès d'une affaire.

Une troupe s'enthousiasme facilement au chant des refrains guerriers ou patriotiques, au bruit du canon, au son de la *Marseillaise,* à la suite de paroles encourageantes d'un chef connu, énergique et audacieux qui a du prestige et qui sait donner de l'impulsion. Cet enthousiasme se produit encore à la vue d'un ennemi chancelant, hésitant et sur le point de battre en retraite, il éclate subitement sur le désir de réussir et de vaincre.

L'enthousiasme c'est toute notre race française. La troupe, mieux que toute autre masse, sait s'enthousiasmer et se lancer vers le succès; elle a pour elle la jeunesse.

Ce qui fait la beauté d'une troupe ce sont ses beaux yeux, ses regards francs, résolus et farouches, où l'on voit l'impatience de la lutte, l'appel des assauts rouges et de ces charges victorieuses.

14. *Le sacrifice* est une des qualités qui ennoblit le plus l'âme du soldat.

Le sacrifice comprend l'abnégation dans l'ordre matériel, c'est le désintéressement, c'est l'oubli de ses intérêts; il comprend encore l'abnégation dans l'ordre moral, c'est-à-dire le renoncement et l'oubli de sa personnalité. Tous nous devons mourir; mais pendant une campagne, chacun doit être bien pénétré que la vie ne compte pas, et que nous mourrions plus tôt ou plus tard, cela ne signifie rien.

L'important n'est pas de mourir, mais il faut que cela soit bien fait. Si l'on meurt de maladie, les amis et les parents peuvent pleurer, mais si c'est d'une balle au front ou d'un éclat d'obus en faisant son devoir pour la Patrie, on ne pleure pas, on admire le brave, le héros et on conserve son souvenir avec admiration.

VI. — Devoirs envers les camarades.

15. Le canonnier doit respecter son camarade, agir envers lui avec fraternité, ne jamais le brimer et se souvenir qu'il lui doit aide, secours et conseils, surtout s'il est jeune soldat ou réserviste.

Les effets et les menus objets du camarade sont sacrés. A la caserne, la principale serrure qui empêche d'y toucher, c'est la conscience.

Écoutons-la toujours et n'étouffons point sa voix.

La camaraderie du régiment est nécessaire; c'est un lien qui unit des hommes travaillant ensemble pour la même cause, courant les même dangers, et appelés, en vertu de l'égalité, pour payer à la Patrie l'impôt du sang.

16. Tous les services sont gratuits au régiment; les hommes qui sont chargés d'emplois spéciaux ne les exercent vis-à-vis des autres qu'au point de vue de la camaraderie, et vis-à-vis de la batterie qu'en vertu de l'exécution de la mission qui leur a été confiée, d'après leurs aptitudes, pour les nécessités du service.

VII. — Devoirs du canonnier envers sa famille et envers lui-même.

17. Le canonnier doit écrire régulièrement à sa famille, mais il doit lui dire la vérité et ne pas se plaindre inutilement.

Sa dignité personnelle lui impose de ne pas réclamer de l'argent à tout propos; souvent les besoins de la famille sont plus urgents que ceux du soldat.

Un bon soldat est aussi un bon fils.

L'État, pour faciliter au canonnier de correspondre avec sa famille, lui accorde gratuitement deux timbres-poste par mois.

18. *Devoirs du canonnier envers lui-même.* — Le canonnier doit se respecter dans ses paroles et dans ses actes.

Il doit se conduire partout avec dignité; éviter les mauvaises fréquentations, les cabarets borgnes et les habitudes d'ivrognerie qui dégradent l'homme et ruinent sa santé.

Son devoir d'homme et de soldat l'oblige à ne pas tenir des propos contraires à la discipline, au respect de l'armée et de l'autorité et de l'amour de la Patrie.

L'armée n'est pas une caste à part dans la nation; le soldat doit vivre en bonne intelligence avec la population, conserver toutes les bonnes habitudes et le langage convenable de sa famille, faire son devoir d'honnête homme et être toujours prêt à se dévouer pour protéger le faible et pour secourir toute personne en danger.

19. *Principaux défauts à éviter.* — Les militaires qui sont paresseux, menteurs ou ivrognes accomplissent leur devoir civique de soldat dans des conditions inacceptables. Ils doivent être punis.

Le militaire paresseux dans l'accomplissement de ses devoirs néglige le travail régulier et l'entraînement qui doivent assouplir ses membres, habituer son corps à la fatigue et faire de lui un artilleur fort, adroit, énergique et audacieux.

Le mensonge avilit le caractère du canonnier, lui fait perdre sa dignité et lui fait suivre un chemin contraire à celui de l'honneur.

Une faute franchement avouée sera toujours moins sévèrement punie.

Quant à l'ivrognerie, elle est un vice honteux qui dégrade le soldat et qui l'entraîne dans toutes es fautes, même dans le crime. Elle ruine petit à petit la santé et le tempérament de l'homme, qui procréera par la suite une postérité d'êtres misérables, inférieurs au point de vue intellectuel et moral ainsi qu'au point de vue physique.

L'ivresse est le pire des défauts, elle n'est pas une circonstance atténuante dans un accident.

L'ivrogne sert mal son pays, c'est un homme sur lequel on ne peut pas compter pour les missions délicates en campagne. C'est un mauvais soldat qui peut devenir nuisible à la défense.

VIII. — Conduite en ville et en cas de troubles.

20. Il faut avoir en ville une bonne tenue, une bonne attitude et marcher d'un pas dégagé; il est interdit aux militaires de fumer la pipe dans les rues, de mettre les mains dans les poches ou de lire en circulant en ville.

Le soldat doit faire le bien, avoir de bonnes fréquentations, éviter de s'arrêter et de se compromettre avec des femmes de mauvaise vie; partout on doit le trouver poli, serviable et protecteur.

Il doit toujours respecter l'heure des services; d'ailleurs *heure militaire* et *exactitude* sont synonymes.

Certaines précautions à propos des cafés et restaurants dans les garnisons sont à observer. Le soldat ne doit pas entrer dans des cabarets de mauvaise réputation, ni dans les maisons consignées. Sa place est au grand jour.

Le règlement s'oppose aux dettes des militaires et prescrit des punitions sévères contre ceux qui en contracteraient.

Le soldat en ville, lorsqu'il entend sonner « au feu », ne doit pas se rendre isolément au feu, mais rentrer rapidement à son quartier, où il attendra des ordres.

Si, exceptionnellement, il se trouvait en face du sinistre, il n'hésiterait pas à se rendre immédiatement utile.

21. *Police à assurer.* — Tout militaire en uniforme doit prêter spontanément main-forte, même au péril de sa vie, à la gendarmerie, ainsi qu'aux autres agents de l'autorité, lorsque ceux-ci sont en uniforme ou munis de leurs insignes.

Le port de l'épée ou du sabre est un honneur qui oblige le soldat à la noblesse et à la grandeur des sentiments.

L'épée ou le sabre ne doivent sortir du fourreau que dans des cas de légitime défense. Ces cas doivent être bien établis; ils sont d'ailleurs très rares.

22. Le soldat doit :

1° Éviter de se mêler aux rassemblements bruyants; il ne doit jamais manifester ni prendre part aux démonstrations politiques ou religieuses.

L'armée doit respecter le gouvernement de la République, mais elle ne fait pas de politique;

2° Ne pas se laisser questionner ni sur la mobilisation ni sur ce qui touche à la défense du pays;

3° Ne pas faire de communications à la presse;

4° Porter toujours haut, dans ses conversations, le culte de l'armée, du drapeau et de la Patrie;

5° Rendre toujours compte, même directement à son capitaine, de tout fait grave et de toute observation concernant le régiment ou l'armée, dont il aurait été témoin.

23. *Conduite du militaire pour le maintien ou le rétablissement de l'ordre.* — A l'occasion d'émeutes, de grèves, de troubles ou de violation de la loi dans l'intérieur du pays, l'armée peut être légalement requise pour le rétablissement de l'ordre et pour imposer le respect de la loi. Dans ce cas, la troupe requise doit obéir et marcher avec tous ses chefs et tous ses soldats, pour obtenir le respect de l'ordre et l'obéissance aux lois, sans s'occuper ni des intérêts particuliers privés ni des cultes religieux.

La responsabilité personnelle du militaire n'est pas engagée et ses scrupules doivent toujours s'effacer devant le devoir, sinon il est fautif et justiciable des tribunaux.

Dans ce service, le soldat doit être prudent, patient et n'agir que par ordre; mais il est de la plus grande nécessité qu'il fasse absolument respecter sa consigne avec énergie et qu'il ait le dernier mot. Force doit rester à la loi et à l'autorité qu'il représente.

S'il fait un service de garde ou de protection en ville, ou s'il cantonne, il doit ne se compromettre avec personne, observer, au milieu des partis et des agitations, une justice absolue et la plus grande impartialité, enfin il ne doit jamais rien accepter du public, sans l'autorisation supérieure de ses chefs responsables.

TROISIÈME PARTIE

ÉDUCATION GÉNÉRALE POUR LE TEMPS DE PAIX

CHAPITRE V

L'ARMÉE ACTIVE

I. — Rôle de l'armée dans la nation.

1. Le service militaire n'est que l'une des formes du devoir du citoyen, c'est celui qu'il doit à sa patrie, pendant qu'il est soldat dans les rangs de l'armée nationale.

Le devoir militaire du citoyen est un devoir obligatoire qui est nettement formulé par la loi et par la discipline, qui le garantissent dans son exécution par des sanctions nécessaires.

2. *Rôle de l'armée.* — L'armée est la sauvegarde de la Patrie. Par sa force, l'armée oblige l'étranger au respect de la France et de ses constitutions, et elle permet au commerce national, aux sciences, aux arts, de se développer sans avoir à craindre à tout propos l'envahissement d'un ennemi.

A l'intérieur, elle assure l'ordre, le respect du Gouvernement et de l'autorité, puis l'obéissance aux lois.

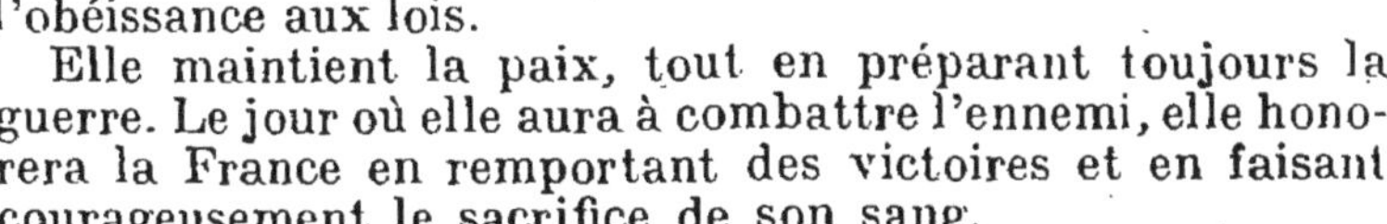

Elle maintient la paix, tout en préparant toujours la guerre. Le jour où elle aura à combattre l'ennemi, elle honorera la France en remportant des victoires et en faisant courageusement le sacrifice de son sang.

Le dévouement de tous les membres de l'armée est un devoir civique envers la nation.

L'ennemi de la France a comme désir, non seulement de prendre une partie de notre territoire pour s'agrandir, mais aussi de s'emparer de nos biens, de nos intérêts matériels et des possessions et richesses de nos familles.

L'armée de la France, avec ses soldats, est faite pour lutter contre cet ennemi le jour de la guerre, et pour maintenir en place les intérêts matériels et les biens de chaque Français.

3. L'armée a donc un double rôle :

1° A l'extérieur, où elle représente la force de la France contre toutes les puissances qui voudraient la ruiner, lui prendre son pouvoir, ses richesses et sa vitalité. (Le progrès mondial amènera peut-être, d'ici bien longtemps encore, une entente réelle et complète entre les peuples; c'est à désirer, mais c'est encore bien loin de nous lorsqu'on examine l'histoire du monde et des peuples entre eux. Restons donc forts et capables de nous faire respecter par notre armée, dans nos travaux et dans notre volonté,

2° A l'intérieur, où elle est chargée d'assurer, dans la nation, l'exécution des lois françaises votées par les représentants élus par le peuple; elle est chargée aussi d'assurer l'ordre dans le pays, la liberté du travail et le respect des établissements industriels et de la propriété.

4. L'armée française est organisée sur le principe de l'égalité, car tous les citoyens y viennent et font partie de cette armée, qui est l'honneur de la patrie; seuls, les gens qui ont subi certaines condamnations honteuses en sont exclus. Quelles que soient les situations et les fortunes, chaque homme y vient à son tour, le savant, l'artiste, le commerçant, l'ouvrier, le cultivateur, le riche, le pauvre, tous viennent se réunir ensemble dans l'égalité pour faire une belle armée puissante, instruite et obéissante aux lois.

L'armée est une école du travail, du devoir, du progrès et de paix sociale; elle achève, tout en soignant leurs forces physiques, l'éducation des jeunes gens qui, solides, valeureux, disciplinés à accomplir tous les devoirs dus à la famille, à la société et à la Patrie, seront alors de bons citoyens français.

II. — Le service militaire.

5. *Service militaire.* — Poussé par les nécessités du moment et par la situation des peuples de l'Europe, le pays fait la loi sur le service militaire, tout en tenant compte, autant que possible, des intérêts des hommes de la nation.

Le temps fixé pour la durée du service actif doit donc être accepté volontiers par tous les Français. C'est un impôt variable suivant le temps et les circonstances, mais qui est absolument nécessaire, puisque le Gouvernement et le Parlement l'ont accepté et décidé dans l'intérêt des progrès de la Patrie dans le monde.

Or, tout propos tenu contre le principe du service militaire fixé serait une grave insulte à la discipline et au devoir.

6. Le service militaire est obligatoire et égal pour tous. Chaque Français est soumis au service militaire pendant vingt-huit années.

Le service militaire prescrit par la loi est l'impôt le plus sacré, c'est l'impot du sang.

Ses vingt-huit années sont :

3 ans dans l'armée active,

11 ans dans la réserve de l'armée active,

7 ans dans l'armée territoriale,

7 ans dans la réserve de l'armée territoriale.

Le service militaire compte du 1er octobre de l'année du Conseil de revision.

Pour les engagés volontaires, du jour de leur engagement.

La loi sur le recrutement est du 21 mars 1905, modifiée le 7 août 1913.

Les militaires des classes 1911 et 1912 n'ont fait que 2 années de service actif : mais leur service total aura une durée de 28 années, dont 7 ans dans la territoriale et 7 ans dans la réserve de la territoriale.

La loi du 7 août 1913 (3 ans de service) ne s'applique qu'à partir de la classe 1913.

Pendant la durée de leur service dans l'armée active ne sont pas assujettis à l'impôt personnel et mobilier les hommes de troupe dont la cote ne dépasse pas 10 francs en principal.

7. L'armée dont la devise est : « Honneur et Patrie », repose sur les principes suivants :

1° Le patriotisme et le dévouement;

2° La discipline, la subordination et le devoir;

3° L'obéissance et le respect;

4° L'instruction militaire;

5° La volonté de vaincre.

Au régiment :

On acquiert l'instruction militaire qui doit faire du jeune homme un canonnier instruit, brave, robuste, sachant combattre avec intelligence et avec ardeur;

2° On y exalte les idées de fidélité, de dévouement et de sacrifice pour le pays; on y apprend l'honneur, l'amour du devoir et la haine de celui qui chercherait à porter atteinte à notre sol, à nos mœurs, à notre liberté nationale;

3° On se prépare, par la discipline et par les nobles sentiments de l'armée, à devenir de bons citoyens ayant le respect de l'autorité et la conscience de leurs devoirs.

III. — Les supérieurs.

8. Le canonnier doit considérer ses supérieurs comme des chefs et des amis; il doit leur accorder la confiance la plus absolue, leur obéir et se dévouer pour eux, car eux aussi se dévoueront pour lui. Les officiers et les soldats sont solidairement liés dans l'accomplissement d'une mission unique et de devoirs envers le pays; aussi collaborent-ils en commun, selon les degrés de la hiérarchie, à un même devoir national.

Soldats, vos supérieurs cherchent à bien vous connaître pour vous guider, vous soutenir et pour obtenir de vous tout ce que vous pouvez donner pour le bien du service et pour la défense de la Patrie.

Vos officiers se sont voués à la Patrie, à l'éducation militaire de toute la jeunesse française pour la mettre à même de remplir son devoir civique de guerre; ils sont toujours prêts au sacrifice de leur vie pour la cause commune. Ce sont eux qui vous conduisent à l'ennemi le jour où notre sol est menacé.

Tels sont les titres qui leur donnent droit à l'obéissance, au respect et au dévouement des soldats.

L'autorité de l'officier est incontestable, elle est une des plus légitimes. C'est lui qui crée l'armée, qui l'organise, et c'est sa valeur intellectuelle et morale qui fait la force de cette armée.

Méritez l'estime de votre chef, ayez confiance en lui, regardez-le bien en face, avec ce regard qui exprime la force, l'énergie et la loyale amitié.

Le soldat doit agir franchement avec ses officiers, se laisser guider par eux, leur accorder toute sa confiance et les respecter, puisqu'ils sont les foyers de vie de l'armée, qui est faite pour la défense de l'honneur et de l'intégrité de la France.

Le chef de corps et les officiers de la batterie, secondés par les sous-officiers, sont spécialement chargés de veiller aux intérêts particuliers du soldat; ce sont eux qui lui procurent, grâce aux allocations de l'État, tout ce qui est nécessaire à sa vie, à son bien-être et à son entretien pendant le temps qu'il passe sous les drapeaux.

Si le soldat a quelque chose qui le préoccupe, qui l'ennuie ou s'il a un désir soit dans le service, soit dans sa vie privée ou au sujet de sa famille, il fera toujours bien de le dire à son officier, à son capitaine, qui saura lui donner ce bon conseil qui enlève l'ennui et procure le calme.

Mais avant de s'adresser au capitaine, le canonnier devra demander au maréchal des logis chef s'il peut parler au capitaine.

Le soldat doit aimer son régiment et le considérer comme une nouvelle famille.

Le soldat doit respecter le gouvernement de la République française, le Président chef de l'État et les ministres chargés de l'exécution des lois et détenteurs du pouvoir.

IV. — Organisation générale de l'artillerie.

9. La nouvelle loi relative à la constitution des cadres et des effectifs de l'artillerie, en date du 15 avril 1914, en fixe ainsi qu'il suit la composition :

9 régiments d'artillerie à pied stationnés en France;
5 régiments d'artillerie lourde stationnés en France;
62 régiments d'artillerie de campagne stationnés en France;
2 régiments d'artillerie de montagne stationnés en France;
10 groupes autonomes d'artillerie, dont 2 à pied et 8 de campagne et de montagne, stationnés dans l'Afrique du Nord.

Des régiments d'artillerie à pied peuvent être transformés en régiments d'artillerie lourde.

Les régiments et les groupes autonomes comprennent des batteries, et, s'il y a lieu, des sections et des compagnies d'ouvriers d'artillerie;

7 compagnies d'ouvriers d'artillerie;
86 sections des types A, B, C et D dans les régiments.

L'artillerie stationnée en France et en Corse comprend 788 batteries, celle de l'Afrique 32 batteries, soit au total, 820 batteries.

Puis un état-major particulier, qui a pour mission d'assurer le service des états-majors de l'artillerie, la direction générale des services de l'arme et le fonctionnement des établissements.

10. *Rôle des unités.* — Les *batteries à pied* sont destinées au service des bouches à feu dans la guerre de siège la défense des places et celle des côtes; les officiers seuls sont montés.

En temps de paix, elles n'ont pas, en principe, de matériel qui leur soit spécialement affecté.

Un certain nombre de batteries d'artillerie à pied ou de groupes de batteries à pied est affecté au service des batteries de 155 court de l'artillerie lourde d'armée.

Les *batteries montées* comprennent des servants à pied pour le service des bouches à feu et des conducteurs chargés d'atteler les voitures. La possibilité qu'elles ont de faire monter les servants sur les coffres leur permet de se déplacer en employant l'allure du trot.

Ces batteries sont, en général, armées de canons de 75 millimètres.

Le matériel nécessaire à leur service de guerre leur est affecté en permanence.

Dans les *batteries à cheval*, les hommes destinés au service de la bouche à feu sont montés sur des chevaux de selle. L'effectif est de 175 hommes.

Elles sont plus mobiles que les batteries montées, par suite de leur faculté d'employer les allures vives. Elles peuvent accompagner en toutes circonstances la cavalerie.

Le matériel nécessaire à leur service de guerre leur est affecté en permanence.

Les batteries à cheval sont réunies en groupes de 2 ou 3 batteries. Un groupe est affecté à chacune des 10 divisions de cavalerie (les 8 premières divisions ont chacune un groupe de 3 batteries).

Les *batteries de montagne* sont armées de canons de 65 millimètres de montagne à tir rapide. Le matériel peut être porté à dos de mulet.

Elles comprennent des servants pour le service des pièces et des conducteurs pour la conduite des mulets.

Ces batteries sont employées dans la guerre en pays de montagne ou dépourvus de routes.

Le matériel nécessaire à leur service de guerre leur est affecté en permanence.

Les *compagnies d'ouvriers* sont chargées, indépendamment du service d'entretien et de réparation du matériel, du service des voies ferrées de l'artillerie dans les places fortes.

Les *sections d'ouvriers* sont chargées, dans les établissements d'artillerie désignés par le ministre, de l'entretien et des menues réparations du matériel de l'arme, du service des munitions, de la conduite des voitures automobiles, etc..

Une batterie d'artillerie de campagne sur le pied de paix, commandée par un capitaine, a son personnel réparti en *pelotons de pièce* commandés chacun par un maréchal des logis.

Les quatre premières pièces ont, autant que possible, la même composition en hommes que les pièces correspondantes de la batterie sur le pied de guerre.

Le personnel non compris à la mobilisation dans les quatre premières pièces est réparti, suivant son effectif, en un ou deux pelotons de pièce. Les hommes du service auxiliaire sont, en principe, classés dans ces pièces, ainsi que le personnel désigné pour passer à une autre unité en cas de mobilisation.

En principe, les chevaux sont classés, dès le temps de paix, dans les pièces auxquelles ils doivent appartenir à la mobilisation.

Les quatre pièces forment deux *sections* de deux pièces.

Les gradés d'une batterie d'artillerie montée sont :

1 capitaine commandant, 2 lieutenants ou sous-lieutenants, 1 adjudant, 1 maréchal des logis chef, 8 maréchaux des logis (1) (dont 1 mécanicien), 1 maréchal des logis fourrier, 1 maréchal des logis maréchal ferrant ou 1 brigadier maréchal ferrant, 7 brigadiers.

Les gradés d'une batterie à cheval sont :

1 capitaine, 2 lieutenants, 1 adjudant, 1 maréchal des logis chef, 10 maréchaux des logis (dont 1 mécanicien), 1 maréchal des logis fourrier, 1 maréchal des logis maréchal (ou 1 brigadier maréchal), 9 brigadiers.

Les gradés d'une batterie d'artillerie à pied sont :

1 capitaine commandant, 2 lieutenants ou sous-lieutenants, 1 adjudant, 1 maréchal des logis chef, 8 maréchaux des logis (2) dans les batteries à pied, 8 brigadiers (2).

Un *groupe* est la réunion de deux ou trois batteries de campagne sous le commandement d'un chef d'escadron.

Comment sont groupés les régiments d'artillerie. — Deux régiments forment une brigade en général.

V. — Composition générale de l'armée.

11. Un corps d'armée normal comprend :

Divers états-majors, 2 divisions d'infanterie (4 brigades, 8 régiments d'infanterie), 1 brigade d'artillerie qui détache des groupes avec les divisions, 1 brigade de cavalerie,

---

(1) 10 maréchaux des logis par batterie renforcée; 8 brigadiers par batterie renforcée.

(2) 10 dans les batteries renforcées.

1 bataillon du génie, 1 escadron du train des équipages, 1 parc d'artillerie de corps, 1 section de secrétaires d'état-major et du recrutement, 1 section de commis et d'ouvriers militaires d'administration, 1 section d'infirmiers.

En dehors des corps d'armée, il y a 10 divisions de cavalerie comprenant 2 ou 3 brigades, c'est-à-dire 4 ou 6 régiments de cavalerie, 1 groupe d'artillerie à cheval et 1 groupe cycliste de chasseurs à pied.

12. La France, y compris l'Algérie, est divisée en 21 régions de corps d'armée. Les chefs-lieux sont : 1er, Lille; 2e, Amiens; 3e, Rouen; 4e, Le Mans; 5e, Orléans; 6e, Châlons; 7e, Besançon; 8e, Bourges; 9e, Tours; 10e, Rennes; 11e, Nantes; 12e, Limoges; 13e, Clermont-Ferrand; 14e, Lyon et Grenoble; 15e, Marseille; 16e, Montpellier; 17e, Toulouse; 18e, Bordeaux; 19e, Alger; 20e, Nancy; 21e, Épinal.

Les troupes coloniales stationnées en France forment un corps d'armée.

Chaque région comprend 8 subdivisions (1); à chacune correspond un bureau de recrutement. En outre, il y a 6 bureaux de recrutement à Paris, 1 à Versailles, 3 à Lyon, 3 en Algérie, 1 au Maroc, 1 à la Réunion, 1 à la Martinique et 1 à la Guadeloupe. Total : 161.

13. L'armée française est formée de divers groupes, bataillons ou régiments de différentes armes répartis sur le territoire.

Ces régiments, bataillons ou groupes de militaires sont jeunes, actifs, très gais, travailleurs, instruits militairement selon leur arme; ils sont bien armés, bien équipés, désireux de vaincre et capables de lutter avec force et acharnement contre les ennemis de la France.

Tous ces groupes, bataillons et régiments formeront, avec les réserves des corps, les régiments de réserve et la territoriale, l'armée nationale qui saura, pour conserver ses foyers, ses richesses et sa dignité, imposer sa volonté à l'ennemi, le terrasser et le repousser.

L'armée active française comprenait (au commencement de l'année 1914) un effectif total de 790.000 hommes, qui se répartissaient dans les corps ci-après :

Nota. — *Un régiment d'infanterie en campagne renferme trois bataillons, quatre compagnies. La compagnie est l'unité, comme la batterie. Dans la cavalerie, l'escadron est l'unité, Le régiment de cavalerie compte cinq escadrons.*

---

(1) Les 6e et 20e régions ne comprennent chacune que 4 subdivisions; la 15e région en a 9; la 7e en a 6 et la 21e en a 2.

Infanterie.

14. 173 rég. d'infanterie.
31 bat. de chass. à pied.
6 rég. de zouaves.
12 rég. de tiraill. indigènes.
Des régiments étrangers.
5 bat. d'inf. légère d'Afrique

Cavalerie.

12 régiments de cuirassiers.
32 régiments de dragons.
23 régiments de chasseurs.
14 régiments de hussards.
4 rég. de chass. d'Afrique.
6 régiments de spahis.
4 comp. de cav. de remonte (Algérie et Tunisie).
17 groupes de cavaliers de remonte en France.
4e comp. de remonte (Algérie et Tunisie.
Des escadrons de spahis coloniaux.

Artillerie.

L'artillerie française dont la composition est donnée plus haut, comprend, en tout (France et Afrique) : 820 batteries, 7 compagnies d'ouvriers et 86 sections d'ouvriers.

Génie. — 11 régiments, dont le 5e est celui des sapeurs de chemin de fer et le 8e celui des sapeurs-télégraphistes, et 1 compagnie de sapeurs-conducteurs et 2 bataillons en Algérie-Tunisie.

Train des équipages. — 20 escadrons (63 compagnies).

Gendarmerie. — 27 légions.

Secrétaires d'état-major et du recrutement. — 21 sections.

Commis et ouvriers militaires d'administration. — 25 sections.

Infirmiers militaires. — 25 sections.

Troupes aéronautiques. — 7 compagnies des sections fixées par le ministre et 1 compagnie de conducteurs.

Divers. — 3 ateliers de condamnés aux travaux publics, 6 pénitenciers militaires, 1 dépôt des sections métropolitaines d'exclus, 7 sections spéciales métropolitaines, 4 sections en Afrique (régiments de tirailleurs algériens), 2 sections en Afrique (régiments étrangers), 1 section en Afrique (sur les confins marocains), 1 section en Indo-Chine (troupes coloniales).

VI. — Colonies et troupes coloniales.

15. Les principales colonies françaises et les pays de protectorat sont :

En Afrique. — L'Algérie, la Tunisie, le Maroc, le Sénégal, le Soudan français, la Guinée française, la Côte d'Ivoire, le Dahomey, le Congo français et le Chari, Madagascar, la Réunion, les Comores et Obock.

En Asie. — L'Inde française (Pondichéry, Karikal, Yanaon, Mahé et Chandernagor); l'Indo-Chine française, qui comprend la Cochinchine, le Cambodge, l'Annam et le Tonkin.

En Amérique. — Saint-Pierre et Miquelon, la Guadeloupe et ses dépendances, la Martinique et la Guyane.

En Océanie. — La Nouvelle-Calédonie et ses dépendances, l'archipel de la Société avec Tahiti, les Marquises et les Touamotou.

La France a un corps d'occupation en Chine (1 brigade avec des services) et une troupe au Maroc pour établir le protectorat.

Les troupes coloniales sont organisées spécialement en vue de l'occupation et de la défense des colonies et des pays de protectorat.

Elles comprennent :

1° L'infanterie coloniale européenne.

24 régiments.

2° L'infanterie coloniale indigène.

11 régiments et environ 15 bataillons dans les diverses colonies.

3° L'artillerie coloniale.

7 régiments et diverses batteries, compagnies ou groupes.

VII. — Artillerie allemande.

16. 1° *Artillerie de campagne.* — 98 régiments dont :

65 prussiens, 12 bavarois, 8 saxons, 5 badois, 4 wurtembergeois.

Dans les régiments bavarois, le 2e groupe n'a que 2 batteries. Dans 11 régiments, il existe un 3e groupe de 2 batteries à cheval; dans 6 régiments, un des groupes se compose de 3 batteries à cheval; dans 2 régiments, un des groupes comprend 1 batterie à cheval, 1 régiment par corps d'armée attelle un de ses groupes d'obusiers de campagne.

L'artillerie de campagne comprend :

600 batteries.

2° *Artillerie à pied.* — 27 régiments.

Le total est ensemble : 226 batteries.

A la mobilisation, chaque corps d'armée comprendrait 1 bataillon d'obusiers de 15 centimètres à 4 batteries de 4 pièces, plus 1 colonne légère et 8 colonnes de munitions.

CHAPITRE VI

SERVICE INTÉRIEUR

Marques extérieures de respect.

1. Les marques extérieures de respect sont dues en toutes circonstances, de jour et de nuit, même hors du service, par tout militaire.

2. Le salut est exécuté de la manière suivante :

Porter la main droite ouverte au côté droit de la coiffure, la main dans le prolongement de l'avant-bras, les doigts étendus et joints, le pouce réuni aux autres doigts, la paume de la main en avant, le bras sensiblement horizontal et dans l'alignement des épaules.

Le salut.

L'attitude du salut doit être prise d'un geste vif et décidé; en levant la tête et tendant les jarrets, et en regardant la personne que l'on salue; le salut terminé, il replace vivement la main droite sur le côté.

Tout militaire croisant un supérieur, le salue quand il en est à six pas et continue à marcher en conservant l'attitude du salut jusqu'à ce qu'il l'ait dépassé.

S'il dépasse un supérieur, il le salue en arrivant à sa hauteur et conserve l'attitude du salut jusqu'à ce qu'il l'ait dépassé de deux pas.

S'il fume, il prend son cigare ou sa cigarette de la main gauche et salue de la main droite.

S'il porte un pli ou un paquet, il salue de même en prenant le pli ou le paquet de la main gauche.

S'il conduit un cheval en main ou est empêché de la main droite pour toute autre cause, il rectifie sa démarche et regarde son supérieur jusqu'à ce qu'il l'ait dépassé.

S'il croise un supérieur dans un escalier, il lui cède la rampe et se range pour le saluer.

S'il le croise, à l'embrasure d'une porte, il le laisse passer le premier; dans la rue, il lui cède le haut du trottoir.

S'il le croise étant à cheval, il passe à une allure modérée avant de le saluer. S'il marche dans le même sens, il demande l'autorisation de le dépasser.

S'il est en voiture, il salue de la main droite comme s'il était à pied; il se lève si la voiture est à l'arrêt.

S'il est à bicyclette, il ralentit l'allure et salue de la main droite sans cesser de surveiller sa machine.

S'il est en armes, il présente l'arme en tournant la tête du côté du supérieur.

S'il entre dans un café, un restaurant ou dans tout autre établissement public où se trouve un supérieur, il salue avant d'aller s'asseoir. Il se lève et salue lorsque, étant assis à la terrasse ou dans l'intérieur d'un café ou d'un établissement public, il voit passer un supérieur près de lui.

Le salut ne se renouvelle pas dans une promenade ou autre lieu public.

Le *salut* est dû à tous les supérieurs des armées de terre et de mer, depuis le caporal ou brigadier inclus.

Il est dû aux décorés de la Légion d'honneur ou de la médaille militaire s'ils sont en tenue militaire; aux officiers de pompiers; aux officiers de douane et de chasseurs forestiers.

Tout militaire isolé passant devant un drapeau ou étendard, s'arrête, lui fait face, le salue ou lui rend les honneurs s'il est en armes.

Le préfet en uniforme a droit au salut des militaires de tous grades.

Le sous-préfet et le secrétaire général en uniforme doivent le salut aux officiers généraux et fonctionnaires assimilés; ils ont droit au salut de tous les autres militaires.

On doit saluer les officiers et sous-officiers en tenue civile que l'on connaît bien, ils sont autorisés à s'y mettre, et, d'ailleurs, le respect est dû *en toutes circonstances* aux supérieurs.

Un militaire marque du respect envers un supérieur par ses prévenances à son égard, par sa tenue et son attitude correctes en sa présence.

L'inférieur s'adresse à son supérieur avec politesse et déférence, sans se montrer timide ni obséquieux.

On répond toujours à haute voix, avec calme, dans des termes convenables et en regardant dans les yeux, avec sincérité et confiance.

Le supérieur parle à l'inférieur avec fermeté sans morgue ni raideur; le tutoiement est interdit.

Appellations.

3. On appelle un officier ou un adjudant : « *Mon...* suivi du grade. Exemple: mon lieutenant (pour le lieutenant et le sous-lieutenant), mon capitaine, mon commandant, mon colonel, mon adjudant.

Cette règle s'applique à tous les officiers combattants.

On appelle un sous-officier et un brigadier par leur grade : Ex : *brigadier, fourrier, maréchal des logis,...* etc.

Pour s'adresser à un médecin, à un sous-intendant, à un intendant, à un officier d'administration, au ministre de la Guerre et à certains hauts fonctionnaires militaires, au chef ou sous-chef de musique, à un armurier, on dit : « Monsieur le médecin-major, — Monsieur le sous-intendant, — Monsieur l'intendant, — Monsieur l'officier d'administration, — Monsieur le vétérinaire, — Monsieur le ministre, — Monsieur le sous-secrétaire d'État à la guerre, — Monsieur le Maréchal de France, — Monsieur le grand chancelier de la Légion d'honneur, — Monsieur le gouverneur (de place forte) — Monsieur le chef de musique, — Monsieur le sous-chef de musique, — Monsieur le maître armurier. »

Présentation à un supérieur.

4. Le canonnier, pour s'adresser à un supérieur pour une commission verbale ou pour lui remettre un pli, s'arrête carrément en face de lui, salue, prend la position du *garde à vous* et fait sa communication verbale ou remet le pli de la main gauche.

Lorsque sa mission est terminée, il salue, fait demi-tour et se retire.

S'il a le mousqueton ou le sabre à la main, il rend les honneurs dus à la personne à laquelle il s'adresse, puis repose sur l'arme.

Un militaire interpellé par un supérieur prend une allure vive pour se porter à sa rencontre; en toute circonstance il doit fournir avec empressement à son supérieur le concours dont ce dernier peut avoir besoin.

Si le militaire est à cheval, il salue et remet la dépêche de la main droite.

Comment se présentent les hommes de troupe chez leurs supérieurs. — Ils n'entrent qu'après avoir frappé ou sonné à la porte; ils saluent et ne se découvrent que si le supérieur les y autorise.

Remise d'une dépêche.

Récompenses. Nomination à la 1re classe et aux emplois.

5. On récompense les canonniers de leur esprit de discipline, de leur bonne conduite et de l'ensemble de leurs services par :

1° Leurs bonnes notes et les félicitations verbales ou écrites, ou à l'ordre du régiment;

2° La nomination à la 1re classe et aux différents grades, emplois ou classes auxquels nomme le colonel;

3° Le certificat de bonne conduite à la libération;

4° Les dispenses de certains travaux, par des permissions et par des faveurs autorisées et compatibles avec le bien du service;

5° Des décorations (médailles d'honneur, commémoratives, militaires, coloniales, universitaires, du Mérite agricole, etc...).

6. *Soldats de 1re classe et emplois dans la batterie.* — Les canonniers de 1re classe, les maîtres pointeurs et maîtres ouvriers sont choisis parmi les canonniers ayant plus de quatre mois de service, qui, par leur instruction, leurs aptitudes et leur tenue, paraissent susceptibles de servir de moniteurs et de prendre, en l'absence des gradés, le commandement de leurs camarades. Des nominations avant quatre mois de service peuvent être faites à titre exceptionnel pour récompenser un acte de courage ou de dévouement.

Le nombre des canonniers de 1re classe ne peut dépasser le cinquième de l'effectif des soldats de la batterie.

Les canonniers de 1re classe non punis sont exempts des corvées intérieures de la batterie, sauf en cas de nécessité.

Les maîtres pointeurs sont choisis parmi les meilleurs pointeurs de la batterie ayant au moins six mois de service. Ils sont six par batterie.

Chaque batterie a en plus un maître ouvrier en fer qui a le même rang et les mêmes insignes que les maîtres pointeurs.

Les artificiers sont choisis parmi les plus aptes; il y en a cinq par batterie.

Au point de vue moral, le bon soldat est heureux de posséder la confiance et l'estime de ses chefs et de ses camarades; puis il a le bonheur intime d'avoir la satisfaction du devoir accompli.

Permissions. Prolongations. Congés.

7. La permission est une récompense et jamais un droit. La demande en est faite au capitaine par l'intermédiaire du maréchal des logis chef.

On peut obtenir, à titre exceptionnel, le dimanche et les jours fériés, des permissions de vingt-quatre heures pour la garnison ou des localités assez voisines.

Certains soirs on peut obtenir du capitaine des permissions pour la soirée (10 heures, 11 heures (22 ou 23 heures, théâtre), mais jamais de la nuit, exceptionnellement le chef de bataillon peut l'accorder).

On peut accorder des permissions faisant mutations aux militaires accomplissant trois années de service actif, d'après l'article suivant de la loi :

L'article 21 de la loi du 7 août 1913 s'exprime ainsi :

« Les militaires engagés ou appelés pourront obtenir, au cours de leurs trois années de service, des congés ou permissions jusqu'à un total de *cent vingt jours*.

« En dehors des fêtes légales, le nombre des absents dans chaque compagnie ne dépassera pas 10 % de l'effectif fixé par la loi (1).

---

(1) Dans l'artillerie, les effectifs sont :

Une batterie à pied en France	120	hommes
— renforcée	160	—
— en Afrique	200	—
Une compagnie d'ouvriers	200	—
Une batterie de campagne en France	110	—
— renforcée	140	—
— en Afrique	125	—

« Toutefois, à deux périodes de l'année fixées par l'autorité militaire et ne dépassant pas deux mois, le pourcentage pourra être de 20 %.

« Ces congés ou permissions seront supprimés en cas de punitions graves, c'est là le seul motif. »

La latitude accordée à l'homme d'indiquer pour ses congés ou permissions, les époques de l'année qui lui conviennent le mieux, est une faveur et ne saurait ouvrir aucun droit à l'intéressé; par suite, lorsque le nombre des militaires demandant à s'absenter à un moment donné sera supérieur au chiffre d'absence autorisé (10 ou 20 % de l'effectif légal), il sera donné satisfaction d'abord à ceux dont la conduite et la manière de servir seront les meilleures; en outre, aux époques des travaux intensifs dans les champs, qui seront déterminées chaque année par les conseils généraux dans leur session d'avril, les agriculteurs devront être désignés de préférence aux hommes d'autres professions.

La profession d'agriculteur sera reconnue au moment du conseil de revision pour les appelés, et par le recrutement pour les engagés volontaires.

Nota. — Les militaires servant aux colonies ou dans les protectorats qui n'auraient pas pu profiter des cent vingt jours de permission pourront en bénéficier en une seule fois avant leur libération.

Les permissions sont subordonnées aux nécessités du service; elles sont accordées de préférence aux époques où la progression de l'instruction s'y prête le mieux, à celles des fêtes légales, des travaux agricoles ou à l'occasion d'événements ou de cérémonies de famille.

Tout le monde doit, en principe, être présent pendant les séjours dans les camps et les manœuvres d'automne.

8. *Devoirs du soldat permissionnaire.* — Le permissionnaire doit se comporter avec dignité, éviter de compromettre son uniforme et le numéro de son régiment, soigner toujours sa tenue et pratiquer ponctuellement les marques de respect.

Pour une permission dépassant huit jours, le permissionnaire fait viser sa permission, dès son arrivée, par le com-

---

Une batterie montée d'artillerie lourde. . .		110	hommes.
—	de montagne en France. . . .	140	—
—	— en Afrique . . .	180	—
—	à cheval	175	—

Les hommes du service auxiliaire ne doivent pas intervenir dans les décomptes des absences. Les envoyer en permission en dehors des règles établies pour les hommes armés, ils ont droit aussi à cent vingt jours de permission.

mandant de la gendarmerie ou par le commandant d'armes dans une ville de garnison; il donne son adresse (1).

La permission doit être un temps de repos et une période réconfortante. Le permissionnaire peut s'occuper chez lui aux travaux habituels de sa profession. Il importe que la permission ne soit pas une fatigue et une occasion de boire, de veiller, de faire des noces et des festins. Il faut, au moment du retour, être bien disposé, ne pas se refroidir dans les gares, car à la rentrée à la caserne on pourrait faire des maladies pénibles dont les suites sont souvent fâcheuses et parfois déplorables.

L'homme sage et prévoyant doit réagir contre les entraînements qui le guettent à tous les pas ; pendant sa permission, il doit s'occuper convenablement et conserver sa santé pour lui, pour sa famille et pour la Patrie.

9. Des frais de route peuvent être alloués par le ministre aux hommes de troupe indigents allant en permission ou en congé dans leur famille. (Seulement dans la limite des crédits budgétaires.)

Le soldat nécessiteux qui désire obtenir cette faveur en adresse la demande à son capitaine.

Jamais, ni en garnison ni en permission, le port d'aucun effet de fantaisie n'est autorisé. Le soldat qui en ferait usage serait toujours punissable.

Le chef de corps n'accorde qu'exceptionnellement le droit aux militaires de se mettre en civil pendant leur permission. Dans ce cas, l'autorisation est inscrite sur la permission.

10. *Rentrée de permission.* — On doit rentrer au régiment exactement à l'heure fixée, ne jamais dépasser une permission, même d'une minute, sinon on est puni. L'heure de la rentrée ne doit jamais être fixée après minuit.

Il ne faut pas faire mentir l'expression proverbiale : « Exactitude militaire. »

11. *Prolongation.* — On ne doit demander une prolongation que dans un cas de *nécessité urgente.*

Dans ce cas, on s'adresse à son chef de corps pour obtenir la prolongation dont on a besoin.

Toute prolongation de permission portant au delà de trente jours la durée de l'absence ne peut être demandée ou accordée que sous forme de congé.

Le permissionnaire qui contracte chez lui une maladie l'empêchant de rejoindre son corps, en fait d'urgence la déclaration à son chef de corps en lui adressant le certificat médical; celui-ci fait prendre les renseignements nécessaires.

---

(1) A Paris, le permissionnaire se présente aux bureaux du général commandant la place, en tenue très régulière.

12. *Convalescents.* — Le convalescent en congé se conforme exactement à ce qui est prescrit pour le permissionnaire.

S'il a besoin d'une prolongation, la gendarmerie le fait visiter par un médecin.

Devoirs en voyage.

13. Le militaire voyageant doit être porteur de son livret et être muni soit d'une permission, soit d'une feuille de déplacement; cette dernière est délivrée au militaire qui se déplace pour le service ou par ordre; dans ce cas, les frais de déplacement sont à la charge de l'État.

Le militaire muni d'un titre régulier paie quart de tarif sur les chemins de fer.

Les canonniers voyagent ordinairement en 3e classe; ils peuvent voyager en 2e classe. Pour voyager en 1re classe, il faut une autorisation spéciale du chef de corps portée sur la permission.

Les compagnies de chemins de fer peuvent faire usage, pour les gros départs de militaires, de voitures à marchandises aménagées.

Les employés des chemins de fer et l'autorité militaire peuvent toujours se faire présenter le titre régulier de l'absence.

Il est expressément recommandé aux militaires, et notamment quand ils séjournent à l'étranger de ne communiquer leur livret qu'aux autorités de leur pays ayant qualité pour le consulter.

Dans les gares et partout en voyage, le militaire doit se surveiller dans sa tenue, dans ses propos et dans son attitude; pratiquer rigoureusement les marques de respect, être poli avec chacun et faire honneur à son uniforme et à son régiment.

Quoique isolé, il importe qu'il n'oublie pas l'esprit de discipline, qui fait de son régiment une force imposante et réelle.

En toutes circonstances, il donne l'exemple de la parfaite correction.

Punitions.
Manquements au devoir militaire et fautes contre la discipline.

14. L'exécution rigoureuse du devoir militaire et la nécessité absolue de la discipline dans l'armée entraînent l'obligation de la punition.

Sont considérés comme manquements au devoir militaire ou fautes contre la discipline et punis comme tels, suivant leur gravité :

Les actes contraires au respect que tout militaire doit, en toute circonstance, aux lois, au gouvernement de la

République et aux autorités qui le représentent; les infractions aux règlements militaires, l'inertie, la paresse, la mauvaise volonté, la négligence dans le service;

La divulgation des renseignements confidentiels; la manifestation publique, sous quelque forme que ce soit, d'opinions pouvant porter préjudice aux intérêts du pays, compromettre la discipline ou créer des difficultés aux autorités; l'inobservation des prescriptions relatives au droit d'écrire;

La violation des règles relatives à l'exécution des punitions; toute tentative de dissimuler son identité en cas de faute ou de se soustraire à la responsabilité de ses actes;

L'oubli de la dignité professionnelle; l'ivresse, dans tous les cas, même lorsqu'elle ne trouble pas l'ordre; les querelles entre militaires ou avec des citoyens;

Les brimades;

Les manquements aux appels, à l'instruction et aux divers services;

L'inobservation des règlements de police, sans toutefois qu'une punition infligée pour ce motif puisse faire double emploi avec les responsabilités encourues devant l'autorité civile.

Tout murmure, tout écart de langage, tout défaut d'obéissance.

15. *Éviter les punitions.* — La punition n'existe, en somme, que pour les hommes sans énergie, sans bonne volonté et pour les incorrigibles. Il importe d'éviter les punitions même les plus légères; leurs conséquences sont désastreuses.

16. *Répression d'une faute.* — Tout supérieur, quel que soit son grade, depuis le brigadier et à quelque corps ou service qu'il appartienne, a le devoir strict de contribuer au maintien de la discipline générale en relevant toute faute de ses inférieurs et en s'efforçant d'y mettre fin lorsque cette faute se poursuit.

Le simple artilleur remplissant les fonctions du brigadier a des droits du brigadier; il peut punir.

Punitions qui peuvent être infligées aux canonniers. — Les punitions des soldats sont variables selon la nature des négligences ou des fautes. Elles sont :

La consigne au quartier;
La salle de police;
La prison;
La cellule;
Le renvoi de la 1re classe à la 2e;
Le renvoi ou la cassation d'un emploi spécial;
L'envoi aux sections spéciales.

17. *Manière de faire les punitions.* — Le canonnier *puni de consigne* fait son service, il ne peut, en dehors du service, sortir du quartier sous aucun prétexte. Il doit répondre aux appels des punis.

Le canonnier *puni de salle de police* fait son service, il ne peut sortir de la caserne en dehors des exercices. Dans les intervalles suffisamment longs entre les séances d'instruction, il est enfermé aux locaux disciplinaires, il y prend ses repas et y reste enfermé depuis le repas du soir au réveil. On peut l'employer aux corvées.

Il ne reçoit au quartier aucune viste.

Le canonnier *puni de prison* est en tout temps enfermé isolément. Le chef de corps décide s'il doit paraître ou non devant la troupe. Le service de semaine le fait manœuvrer deux heures par jour.

Le canonnier *puni de cellule* reste enfermé isolément pendant toute la durée de sa punition. Si la punition est supérieure à quatre jours, il effectue sa punition par périodes successives de quatre jours de cellule et de deux jours de prison.

18. *Durée de la punition.* — Le chef qui a prononcé une punition la notifie ou la fait notifier sans retard à l'intéressé; la punition commence dès qu'elle est notifiée.

Les punitions se décomptent par jour du réveil au réveil en commençant par le réveil qui a précédé le commencement de la punition.

Sursis des punitions. — On peut accorder le bénéfice du sursis, pour un délai déterminé, lorsque la faute est commise par négligence légère et inconscience ou par défaut d'instruction, et que le militaire fautif se recommande par sa bonne conduite habituelle.

Si le militaire ne commet pas de faute de même nature pendant le délai fixé, la punition est annulée.

Maintien au corps après la libération.

19. Le soldat reste au corps, après le jour fixé pour la libération, un nombre de jours égal à celui qu'il aura passé en *prison* ou en *cellule*, déduction faite des punitions n'excédant pas huit jours.

Néanmoins, ceux des militaires dont la conduite aura été satisfaisante depuis leurs punitions, pourront bénéficier d'une réduction partielle et même totale, après comparution devant un conseil de discipline régimentaire.

Conseils de guerre.

20. Les militaires qui sont accusés de délits, de vols, de fautes graves d'indiscipline, de désertion, de crimes, sont jugés par des tribunaux militaires spéciaux, les conseils de guerre.

Il importe de lire avec attention, *dans le livret individuel,* le Code de justice militaire : il instruira l'homme sur tout ce qui est crime ou délit militaire. Ce sera le mettre en garde contre toute défaillance et contre toute tentation d'oublier son devoir.

Demandes. Recommandations.

21. Toute demande, à moins d'urgence, est adressée au capitaine commandant par l'intermédiaire du maréchal des logis chef.

On ne doit pas se faire recommander par des personnes étrangères à l'armée et on doit empêcher de laisser adresser à ses chefs des lettres de qui que ce soit pour des demandes ou des recommandations.

Tout le monde est soldat : on doit se recommander soi-même par sa bonne conduite, par son application aux exercices.

Le canonnier transmet lui-même ses désirs et ses besoins à son capitaine.

Il importe que l'on sache bien que le capitaine place dans ses plus essentiels devoirs de s'intéresser à ses soldats, de se renseigner sur leurs besoins et de les traiter avec un esprit de justice et de bienveillance.

Réclamations.

22. Le droit de réclamation est admis pour permettre aux militaires d'exercer, le cas échéant, un recours contre les mesures ou punitions imméritées ou irrégulières.

Les réclamations individuelles sont seules autorisées; elles sont adressées au supérieur qui a pris la mesure ou prononcé la punition.

Le supérieur écoute avec calme et bienveillance; puis, s'il y a lieu, il fait droit à la réclamation. S'il n'y fait pas droit, le militaire peut adresser à nouveau sa réclamation à une autorité supérieure; si ce dernier n'y fait pas droit, il y a alors punition.

Travaux divers.

23. *Travail demandé à un militaire.* — En dehors de son service normal, tout militaire est tenu d'accomplir, pour le service de l'armée ou pour celui de l'État, les travaux qui lui sont demandés, y compris ceux de la profession qu'il exerçait avant son incorporation.

Il ne lui est dû aucune rétribution, excepté celles prescrites par le ministère.

24. *Ordonnances.* — Les officiers sont autorisés à employer chacun un soldat pour leur service personnel et pour le pansage de leur cheval. Ils portent toujours la tenue militaire. Un salaire leur est payé mensuellement par l'officier, 4 francs par cheval et 5 francs pour le service personnel de l'officier.

Employés.

25. En règle absolue, aucun homme de recrue ne doit, sous aucun prétexte, être distrait de l'instruction donnée dans son unité, ni pourvu d'un emploi, quel qu'il soit, soit comme titulaire, soit comme élève, au cours de sa première année de service.

Les employés, limités au nombre strictement minimum, doivent avoir le sentiment très net qu'ils sont des soldats et doivent rester soldats.

Ils doivent assister régulièrement à certains exercices.

Les soldats du service auxiliaire peuvent seuls occuper de vrais emplois nécessaires.

Les militaires du service armé affectés à des emplois interrompant leur instruction et qu'ils ne conserveraient pas à la mobilisation doivent alterner, par périodes, dont la durée n'excède pas un mois. Lorsqu'une dérogation à cette règle est d'absolue nécessité, un rapport spécial est adressé au général de brigade qui statue.

Employés du service auxiliaire.

26. Les hommes du service auxiliaire sont affectés à des emplois qui ne répondent qu'à des besoins du temps de paix ou qui entraînent le maintien au dépôt au moment de la mobilisation.

Il sont soumis à toutes les règles de discipline, de police, d'hygiène et de propreté applicables aux canonniers du service armé.

Devoirs dans la chambrée.

27. Le chef de chambrée est le brigadier ou, à défaut, le maître pointeur, ou le plus ancien canonnier de 1re classe de la chambrée. Le canonnier doit obéir au chef de chambrée, agir avec lui en bon camarade et lui faciliter sa tâche, car il est responsable des hommes de sa chambre et de l'exécution de toutes les consignes relatives à la tenue des chambres.

Il commande, chaque jour, à tour de rôle, un canonnier de la chambrée pour nettoyer les planchers, essuyer les tables et les bancs, les planches ou armoires à pain, les planches à bagages et les râteliers d'armes, les portes et les fenêtres, porter les ordures à l'extérieur et remplir la cruche d'eau potable.

Après le lever et lorsque les hommes sont habillés, les chambres sont largement aérées. Toutes les fenêtres du même côté sont ouvertes; on découvre les lits et l'on ploie au pied du lit les différentes parties de la fourniture.

Le balayage des planchers ne doit jamais être opéré à sec. On peut employer avec avantage le balai ordinaire et la sciure de bois mouillée ou imprégnée d'une solution antiseptique. Les armoires et les planches à bagages, les râteliers d'armes, les tables, les bancs sont essuyés; les ordures sont descendues et déposées à l'endroit désigné. Toutes les semaines, les vitres sont nettoyées; lorsque le temps le permet, la literie est portée dans la cour et exposée au soleil pendant plusieurs heures; les couvertures et les matelas sont battus au grand air, autant que possible en dehors du quartier.

Pendant la saison froide, les locaux d'habitation sont modérément chauffés. Les poêles et les tuyaux de poêle qui laissent échapper de la fumée dans les chambres sont dangereux. Le fonctionnement des appareils de ventilation continue doit se faire régulièrement pendant la nuit, et l'on ne doit pas en obstruer les orifices et s'exposer ainsi aux dangers du confinement.

La literie et le casernement doivent être complètement débarrassés des parasites par des nettoyages fréquents et en employant les ingrédients appropriés. Au début de la saison chaude particulièrement, il est nécessaire de procéder à la destruction des insectes.

Il est défendu de cracher dans les chambres et les escaliers. Un crachoir est placé dans chaque local. On emploie de préférence des crachoirs incinérables, garnis de tourbe ou de toute autre substance combustible. Un décrottoir est placé à l'entrée de chaque bâtiment et au bas des escaliers.

Les objets servant au nettoyage des chaussures doivent être déposés à l'extérieur des chambres, soit dans une salle réservée à l'astiquage, soit dans des armoires disposées sur les paliers.

Une fois par semaine le nettoyage de la chambrée est fait à fond.

Le brigadier de chambrée interdit dans sa chambrée toute espèce de brimade ou de plaisanterie déplacée, notamment à l'égard des jeunes soldats; il réprime tout ce qui se dit ou se fait contre le bon ordre.

Il empêche en outre de fumer au lit, de se coucher sur les lits avec des chaussures, et, d'une façon générale, de dégrader ou de salir aucun objet du casernement ou effet de couchage.

Il fait l'appel du soir en présence du maréchal des logis de semaine et le rend au sous-officier d'appel.

Pendant la nuit, si un homme est gravement malade, il avertit le maréchal des logis de garde de la nécessité de faire venir le médecin de service; dans le jour, il prévient le maréchal des logis chef, ou, à son défaut, le maréchal des logis de semaine.

28. *Prescriptions relatives à l'entretien des effets.* — Le soldat répare et entretient lui-même ses effets d'habillement et son linge; il est tenu de nettoyer, de brosser et de ranger chacun de ses effets lorsqu'il les quitte dans la journée; en tout cas, il doit toujours le faire le soir.

Son paquetage doit toujours être fait réglementairement.

Il est interdit de prêter aucun effet à un camarade.

29. *Boîtes particulières.* — A défaut d'armoires fournies par le casernement, le capitaine autorise les caporaux et soldats à se pourvoir de petites boîtes fermant à clef, sous la réserve, toutefois, que ces boîtes pourront être, en tout temps, visitées en présence des détenteurs par les officiers, l'adjudant et le maréchal des logis chef.

30. *Divers travaux, nettoyage et entretien des locaux communs.* — Des consignes générales sont données pour assurer la propreté et l'entretien des locaux communs pour l'observation des règles de l'hygiène et pour les distributions.

Les hommes reçoivent à ce sujet des ordres dont ils doivent assurer aussitôt la ponctuelle exécution.

La troupe doit pourvoir elle-même à tous ses besoins d'intérieur et à tous les petits travaux de nettoyage, d'installation et de mise en état du matériel, des divers locaux et des cours; elle doit également apporter au quartier les denrées, les matières et objets qui lui sont nécessaires et s'occuper aussi de la préparation des aliments. De là la nécessité des corvées.

Les soldats sont commandés à tour de rôle pour ces corvées. Ils doivent apporter à leur exécution de la bonne volonté, de l'initiative, de la rapidité et de l'intelligence pratique, puis agir comme ils agiraient chez eux pour leurs affaires personnelles.

Ils trouveront un stimulant dans la pensée que leur travail et leurs efforts sont utiles à tous et qu'ils contribuent à leur tour au bien-être général.

31. *Services de la caserne.* — Dans chaque caserne on commande, en général, un poste de police, un piquet (service de la place, incendies, services extraordinaires, etc...). Tous les militaires de piquet sont tenus de rester au quartier, prêts à prendre les armes.

Visites d'officiers.

32. Le canonnier ou le brigadier qui le premier voit un officier subalterne ou supérieur non chef de corps entrer dans la chambre, commande : « Fixe ! » A ce commandement, les canonniers se lèvent, se découvrent et gardent l'immobilité et le silence jusqu'à ce que l'officier soit sorti ou qu'il ait commandé : « Repos ! »

Si c'est un officier supérieur chef de corps ou un général, on commande d'abord : « A vos rangs ! » Les soldats se placent au pied du lit, s'alignent, puis au commandement de « Fixe » qui suit immédiatement, on exécute ce qui est prescrit ci-dessus.

Si on est en armes, on ne se découvre pas et on reste immobile reposé sur l'arme.

Service médical.

33. Le canonnier malade, indisposé, ou ayant une affection quelconque à un organe, doit le déclarer de suite à son chef de chambrée : c'est une obligation.

Le brigadier de semaine, porteur du cahier de visite, conduit les hommes malades à la visite journalière du médecin. Ceux-ci sont examinés individuellement, et sans témoin s'ils le demandent. Le malade qui ne peut pas se lever est transporté à l'infirmerie.

Si à la visite un canonnier est formellement déclaré non malade, on le punit, mais, en principe, la punition est ajournée pendant huit jours et le militaire, pendant ce temps, garde les arrêts simples.

34. *Soins aux malades.* — Suivant le degré de gravité ou de contagion, ils sont soignés soit dans un local spécial, soit à l'infirmerie, soit à l'hôpital.

35. C'est un abus de confiance que d'aller tromper le médecin et de surprendre sa bonne foi; c'est une paresse indigne d'un homme. Cette déplorable pratique est cause de la méfiance des docteurs, méfiance qui peut leur faire commettre des erreurs.

Cette malhonnête habitude a pris naissance chez les soldats des armées mercenaires ; les soldats paresseux la conservent. Aujourd'hui, cependant, elle ne saurait subsister dans l'armée nationale ; la déraciner est le devoir de tout soldat de cœur ! On ne doit pas la tolérer chez les camarades de la compagnie.

Le soldat trompeur mérite pour une simulation une punition sévère. Il faut avoir un peu de courage et d'énergie pour réagir contre la paresse.

Si par hasard un soldat, sans être malade, se sent assez fatigué, il en fait part à l'adjudant, ou à son officier, ou au capitaine ; il peut être certain qu'on lui donnera, s'il y a lieu, une permission d'exercice ou un adoucissement dans le service.

En outre, aux jours et heures fixés, les soldats sont autorisés à demander des conseils aux médecins militaires, sans se faire inscrire sur le cahier de visite de la compagnie.

Visite des permissionnaires.

36. Les hommes partant en congé et en permission d'au moins deux jours et ceux qui rentrent d'une absence de plus de huit jours sont visités par le médecin conformément aux instructions que le colonel donne à cet effet; ceux qui, à la visite de départ, présentent les symptômes d'une affection même légère et non contagieuse, sont retenus au régiment jusqu'à guérison complète.

Visite générale mensuelle. Pesée. Vaccination.

37. Tous les mois, afin de constater l'état général de santé des militaires du régiment et, le cas échéant, de reconnaître les symptômes de maladies contagieuses, le médecin chef de service passe lui-même ou fait passer une visite individuelle de tous les sous-officiers non rengagés, brigadiers et canonniers; cette visite porte sur l'organisme entier.

Chaque trimestre les militaires sont examinés au point de vue de l'état de leur dentition.

Les hommes qui le désirent sont examinés isolément.

La pesée périodique des hommes de l'effectif a lieu une fois par mois pendant les six premiers mois de service, après cette période la pesée ne se fait que tous les deux mois, au cours d'une visite générale.

Les militaires arrivant au régiment sont, s'il y a lieu, vaccinés contre la variole. La loi du 28 mars 1914 rend obligatoire, dans l'armée, la vaccination préventive contre la fièvre typhoïde.

Accidents dans le service.

38. Les militaires victimes d'un accident sont soignés par les médecins militaires. Si l'accident a eu lieu dans le service et à l'occasion du service, il leur est délivré un *certificat d'origine de blessures ou de maladie*, qui peut, selon le cas, leur ouvrir des droits à la réforme avec gratification.

Service postal.

39. Le sous-officier chargé du service postal est le vaguemestre; il remet les lettres ordinaires aux soldats par l'intermédiaire du maréchal des logis de semaine.

Il remet directement les chargements et les lettres recommandées.

Il est placé, près du poste de police, une boîte aux lettres. Le vaguemestre en a la clef, les heures des levées sont inscrites sur la boîte.

40. *Mandat à toucher.* — Le canonnier remet son mandat au maréchal des logis de semaine, qui le donne au vaguemestre; celui-ci le paie, le jour même, en présence du maréchal des logis de semaine, au canonnier porteur de son livret et de la lettre; le canonnier signe le registre.

Sur la présentation d'un titre régulier d'absence, les militaires peuvent toucher directement, dans tous les bureaux de poste, les mandats et bons de poste qui leur sont adressés.

41. *Timbres-postes gratuits. Comment le soldat peut profiter des deux timbres de 10 centimes gratuits qui lui sont accordés mensuellement.* — Le soldat dépose sa lettre fermée au bureau de la batterie en signant sur un registre; c'est le vaguemestre qui place lui-même le timbre-poste.

L'artilleur est libre d'utiliser les deux timbres simultanément ou à des dates différentes.

L'appel du soir.

42. L'appel du soir a lieu en principe à 21 heures (9 heures). Les rengagés et les décorés de la Légion d'honneur ou de la médaille militaire en sont dispensés. Ils doivent rentrer à 23 heures (11 heures du soir).

Tous les rentrants après l'appel du soir sont tenus de se présenter au chef du poste de police.

Sociétés de secours mutuels.

43. Des sociétés de secours mutuels sont constituées par régiment ou par bataillon faisant corps, entre les militaires appelés ou engagés.

Ces sociétés sont purement facultatives, l'entrée a lieu à la suite d'une simple demande adressée au capitaine.

Dans ces sociétés, moyennant une cotisation extrêmement minime, les militaires de passage sous les drapeaux pourront constituer un fonds de prévoyance destiné à leur permettre de rentrer ou d'entrer, après leur libération, dans les sociétés de secours mutuels civiles. Les sociétés de secours mutuels régimentaires auront, en outre, pour objet de procurer aux soldats un livret individuel sur la Caisse nationale des retraites, ou de continuer les versements déjà opérés sur les livrets individuels, dont ils étaient titulaires avant leur incorporation. Elles accorderont des secours immédiats aux membres participants, à leurs veuves, orphelins ou ascendants; enfin, elles créeront un office de placement gratuit, afin de permettre aux soldats, à leur sortie du régiment, de trouver plus facilement du travail.

Livrets.

44. Le soldat a deux livrets : le livret individuel et le livret matricule; ils contiennent tous deux l'état civil du soldat, les renseignements sur ses services, sur sa situation militaire, sur son instruction générale et militaire, puis les mesures de l'homme.

Inscriptions spéciales du livret individuel. — On y inscrit les tirs individuels et les récompenses de tir, y compris les prix et mentions honorifiques obtenus par tout militaire dans les concours non militaires.

Les effets distribués, les armes et les effets de campement s'inscrivent sur un fascicule spécial qui se place dans le livret individuel.

Il contient ensuite le Code de justice militaire, les obligations des soldats dans leurs foyers, des cases pour le visa de la gendarmerie lors des changements de domicile ou de résidence, un billet d'hôpital (à utiliser en campagne); à la libération, on le complète par un fascicule renseignant sur la position et la destination du soldat dans ses foyers.

Renseignements du livret matricule. — Le livret matricule porte l'inscription des punitions et les punitions qui ont un sursis y sont inscrites sur une feuille réservée pour cette inscription, puis un état de notes qui est rempli à la libération.

Le livret matricule reste toujours entre les mains du capitaine.

Livret individuel pour le militaire dans ses foyers. — Le livret individuel est pour le militaire une pièce authentique et officielle qu'il doit pouvoir présenter à toute réquisition de l'autorité civile, militaire ou judiciaire.

On est tenu de conserver son livret jusqu'à la libération définitive du service militaire, c'est-à-dire pendant vingt-huit années, et de le représenter à toute réquisition de l'autorité militaire.

Il faut éviter de lui faire subir aucune détérioration.

L'homme qui perd son livret, étant dans ses foyers, doit en faire immédiatement la déclaration à la gendarmerie qui la transmet.

Le commandant de recrutement lui fait établir un nouveau livret (duplicata) et un nouveau fascicule qui sont délivrés gratuitement.

Il importe que l'homme n'apporte aucun retard dans cette déclaration de perte, qui d'ailleurs serait toujours reconnue.

Correspondance militaire.

45. On doit se conformer au modèle ci-après pour la correspondance militaire, dans laquelle on doit être clair, bref et précis, n'employer que des termes convenables et respectueux envers les supérieurs et terminer sa lettre par la signature, sans formules de politesse.

Les hommes de troupe *en activité de service* qui ont des

demandes à faire par écrit les adressent à leur capitaine ou, s'il y a lieu, au chef de corps par la voie hiérarchique.

e CORPS D'ARMÉE	A .... le .... 19 .
e BRIGADE d'artillerie	Le (1) .... de la e batterie du .... e régiment
e RÉGIMENT D'ARTILLERIE	d'artillerie .... au (2) ....
	.... à ....
Objet : Au sujet de (3)	J'ai l'honneur de (4) ....
	(Signature.)

Coopératives ou cercles pour les brigadiers et canonniers.

47. Le service intérieur autorise la création dans les casernes de salles de coopératives ou cercles pour les brigadiers et canonniers, qui ont pour but de leur procurer, à certaines heures, un local pour écrire, lire, travailler, s'amuser ou jouer, et dans lequel on peut leur servir des boissons hygiéniques.

Ces installations sont organisées en groupements coopératifs et peuvent être considérés comme un prolongement de l'ordinaire.

Il y a tout intérêt, au point de vue de l'hygiène et de la bonne camaraderie, à fréquenter ces locaux partout où on a pu les organiser.

La gaieté, l'ordre et la plus parfaite mutualité doivent y régner.

Il peut y avoir plusieurs salles de vente, si le quartier a plusieurs salles de récréation.

Salles de lecture et de correspondance.

49. Lorsque les ressources du casernement le permettent, une salle de lecture et de correspondance est organisée autant que possible par batterie.

(1) Indiquer le grade et le nom de celui qui écrit.
(2) Indiquer le grade et l'emploi de celui à qui on écrit.
(3) Indiquer sommairement le but de la lettre.
(4) Exposer simplement l'objet de la demande ou la réponse.

On emploie ordinairement du papier du format écolier 20 × 30.

Les menus frais de papier à lettre, enveloppes, etc., sont imputés à la masse des dépenses diverses dans les limites réglementaires. Ces ressources peuvent être complétées par les bénéfices retirés de la gestion de la coopérative.

Cette salle peut servir de réfectoire.

Bibliothèques.

48. Dans chaque corps il doit exister une bibliothèque commune à tous les hommes de troupe, alimentée par des dons et, éventuellement, par des prélèvements sur les bénéfices de la coopérative.

Il existe aussi, en général, des bibliothèques d'unités dans les batteries, constituées dans les mêmes conditions.

CHAPITRE VII

HABILLEMENT — TENUE

Habillement et entretien.

49. Soyez toujours pourvu de tous les effets réglementaires, connaissez-les; ils doivent toujours être matriculés, même les effets personnels.

Le canonnier est pourvu :

1° D'effets de toile : 2 bourgerons-blouses et 2 pantalons de treillis;

2° D'une collection d'instruction ou n° 3 comprenant : 1 képi, 1 veste, 1 capote ou 1 manteau, 1 pantalon ou 2 culottes (artilleur monté), 1 paire de brodequins et 1 paire de jambières en cuir (artilleur monté);

3° D'une collection d'extérieur ou n° 2 comprenant : 1 képi, 1 bonnet de police, 1 veste, 1 manteau ou capote, 1 pantalon ou 1 culotte, 1 paire de brodequins, 1 paire de jambières en cuir, 1 paire de souliers (artilleur non monté);

4° Une collection de guerre (1) comprenant des effets neufs de différentes sortes, qui, essayés au canonnier, sont conservés en magasin pour lui être distribués au moment de la mobilisation (veste, culotte ou pantalon, brodequins, jambières, lacets, linge, etc.);

---

(1) Certains corps désignés par le ministre n'entretiennent pas de collection de guerre, elle est remplacée alors par un approvisionnement de précaution en effets neufs.

Ces corps se constituent une seconde collection n° 3, l'une pour la tenue de ville ordinaire, l'autre pour les exercices et corvées. Leur collection n° 2 est ainsi ménagée pour pouvoir être prise pour faire campagne.

5° Des effets dits de grand équipement qui comprennent: le ceinturon, la dragonne, la bretelle du mousqueton, les cartouchières, l'étui de revolver, la courroie de bidon et le havresac;

6° Des effets de petit équipement, qui sont :

1° Tous les effets de linge, les cravates, les bretelles, les flanelles et les guêtres de toile;

2° Les chaussures et les éperons à la chevalière;

3° Les brosses, les boîtes à ingrédients, les petits bidons, les quarts, les gamelles, les trousses, les objets de pansage et autres.

50. Tous les effets sont matriculés, même les effets personnels dont le soldat se sert pendant son service militaire.

51. *Réparations.* — Toutes les petites réparations sont faites au jour le jour par l'homme, qui doit entretenir ses effets en bon état de conservation et de propreté.

Il répare le linge dès qu'il rentre du blanchissage.

Le canonnier doit toujours avoir du fil de différentes nuances, des boutons, des lacets, des aiguilles, de la cire, de l'encaustique, de la graisse d'armes, des curettes en bois, du tripoli, du dégras, des clous à souliers, du suif, etc.

Tenue de garde.

Tenue de campagne.

52. Le canonnier est responsable de tous les effets qui lui sont confiés. Ils sont inscrits sur le fascicule pour l'inscription des effets, qui se place, pendant le service actif dans le livret individuel, au moyen de la lettre indiquant leur classement et le numéro du mois de distribution. Les effets distribués sont neufs (N), bons (B) ou d'instruction (I).

Un effet distribué bon en avril 1911 s'inscrira B[1] dans la colonne de l'année. L'homme doit s'assurer souvent de la régularité des inscriptions, puisqu'il est responsable.

53. *Cas d'absence.* — Les effets que l'homme laisse en allant en permission, en congé ou à l'hôpital, sont placés dans son havresac (ou dans son sac à distribution) que l'on dépose au magasin, L'état en est établi; si l'homme ne peut assister à l'inventaire, le brigadier et un soldat le remplacent.

54. *Masse d'habillement.* — Tous les effets des catégories ci-dessus sont fournis par le magasin de la batterie qui a son fonds particulier et qui s'approvisionne au magasin du corps. Tout effet est remplacé après usure constatée dans les inspections que le capitaine passe ou qu'il fait passer.

La masse d'habillement de la batterie s'alimente par une prime journalière et par homme de :

0f 253 pour le régiment ou groupe autonome d'artillerie à pied (0f 243 en Afrique);

0f 273 hommes à pied de régiment de campagne ou de montagne (0f 264 en Afrique);

0f 335 homme à cheval du groupe autonome d'artillerie de campagne (0f 325 en Afrique).

Les fonds particuliers de la batterie achètent d'abord tous les effets d'habillement, de grand et de petit équipement; ils pourvoient, en outre, aux dépenses suivantes :

1° Frais et matériaux pour les réparations à l'habillement, à la chaussure et à la coiffure;

2° Diverses dégradations résultant de la faute et de la négligence des hommes (l'homme est alors souvent punissable);

3° Achat des objets et ingrédients pour l'entretien des chambres, des armes et des effets (cruches, vaisselle, cirage, graisse d'armes, essence, etc.);

4° Achat et entretien du linge de cuisine, des sacs à distributions, des ustensiles de cuisine, de la vaisselle de réfectoire, etc.;

5° Blanchissage du linge, savon et ingrédients pour la propreté corporelle et l'hygiène, matériel du perruquier;

6° Instruments et ingrédients de perruquier.

Sorties. Tenues, cheveux, barbe.

55. *Sorties.* — Les canonniers doivent s'abstenir de tous actes, de toute attitude, de tous propos et de toutes fréquentations qui permettraient de mettre en doute leur fidélité au devoir, leur soumission aux lois ou leur respect pour les institutions du pays. En toutes circonstances, ils doivent donner l'exemple de la correction.

Il est interdit aux militaires de fumer la pipe dans les rues, de mettre les mains dans les poches ou de lire en circulant en ville, de se donner en spectacle dans les luttes foraines.

La tenue de sortie doit être irréprochable. Les effets, excluant toute fantaisie, doivent être très propres et toujours boutonnés, la coiffure placée droite, la cravate bien ajustée, la chaussure en bon état et pourvue d'éperons pour les militaires qui doivent en porter. Le sabre est mis au crochet pour conserver la liberté des mains; lorsqu'il n'est pas au crochet, il est porté de la façon suivante : la main gauche embrassant le fourreau à hauteur de l'anneau, la garde en avant et le fourreau incliné d'avant en arrière. Le sabre doit être conservé dans les théâtres ou lieux de réunion analogues.

Le deuil de famille se porte par un crêpe en brassard au bras gauche.

56. *Différentes tenues et paquetage de parade.* — Au dehors, les tenues sont :

La *tenue de travail.* Elle est portée pour tous les travaux, exercices et manœuvres où il n'est pas fait usage de la tenue de campagne (ou de route).

Cette tenue peut être soit en effets de drap, soit en effets de toile.

La *tenue de sortie,* qui est la tenue habituelle en dehors du travail (à l'heure fixée par le commandant d'armes).

Les hommes non montés portent le pantalon tombant.

Les canonniers montés portent la culotte avec jambières en cuir, éperons, brodequins et la veste; le manteau ou la capote lorsque les circonstances l'exigent.

En été elle peut comporter le pantalon de treillis.

La *grande tenue,* qui est celle prise pour les parades et revues qui ne sont pas passées en tenue de campagne ou de travail. En veste, képi avec jugulaire sous le menton, manteau ou capote s'il y a lieu.

Les canonniers non montés portent le pantalon d'ordonnance tombant sur les brodequins, le mousqueton, le ceinturon sans cartouchières et le sabre-baïonnette.

Les canonniers montés portent la culotte, avec jambières en cuir, éperons et brodequins. Étui de revolver, revolver et sabre.

Paquetage de parade. — Les chevaux et mulets portent le harnachement de campagne, sans collier d'attache ni longe.

Les sacoches modérément gonflées avec de la paille, le manteau roulé.

Les voitures n'ont aucun paquetage.

57. *Cheveux et barbe.* — Les militaires portent les cheveux courts, surtout par derrière, la moustache avec ou sans la mouche, ou la barbe entière. Pendant les périodes d'exercice, les militaires réservistes ou territoriaux sont autorisés à conserver leur port de barbe habituel.

CHAPITRE VIII

SOLDE — ORDINAIRE — CHAUFFAGE

Solde.

58. Le prêt est la solde du canonnier, qui lui est payée tous les dix jours, les 1er, 11 et 21 de chaque mois, par le brigadier; il permet au soldat d'acheter les menus objets dont il a besoin et de payer son tabac.

La solde journalière est		
	pour le canonnier.	5 cent.
	pour le maître pointeur et pour l'artificier.	7 —
	pour le brigadier	22 —

Ordinaire.

59. L'*ordinaire* est le régime adopté pour la nourriture du soldat.

On peut dire que c'est l'organisation de la batterie en une société coopérative pour nourrir économiquement les canonniers et les brigadiers.

Le capitaine commandant dirige l'ordinaire; il a pour le seconder le lieutenant en premier, le maréchal des logis chef et le brigadier d'ordinaire.

Le cuisinier est chargé de préparer les repas d'après les menus établis par le capitaine. Il est en outre responsable de l'entretien et de la propreté des ustensiles, du matériel et du linge mis à sa disposition.

Le capitaine peut récompenser son zèle par une indemnité variable, mais qui ne dépasse pas 50 centimes par jour, payable sur les fonds de l'ordinaire.

60. *Fonds de l'ordinaire.* — Les fonds de l'ordinaire ont pour but unique d'assurer, concurremment avec les denrées fournies par l'État, la subsistance de la troupe.

Le capitaine paie les dépenses au jour le jour par l'intermédiaire du maréchal des logis chef et du brigadier d'ordinaire; les acquits figurent sur le cahier d'ordinaire.

Le capitaine dépose chez le trésorier les fonds d'économie du boni; il ne garde par devers lui qu'une minime somme dont le chef de corps fixe le maximum.

Les fonds de l'ordinaire sont alimentés par des prestations d'alimentation normales et éventuelles et par diverses lrecettes.

Les recettes de l'ordinaire sont :

1° Une prime fixe journalière de 0f 245 par homme pour es batteries montées; de 0f 255 pour les batteries à cheval, de montagne et pour l'artillerie à pied (1).

La prime s'augmente de 4 centimes par homme en Algérie et en Tunisie (territoire civil), soit 0f 285;

2° Une prime journalière de viande, correspondant au prix de 320 grammes de viande, variable suivant le cours de la boucherie (en ce moment   centimes [2]);

3° Un versement fait par les hommes qui ne vivent pas à l'ordinaire et qui y prennent le café;

4° Le produit de la vente des os, eaux grasses et débris de réfectoire; la valeur de la moitié des rations de pain économisées dans l'année;

5° La solde des brigadiers et soldats punis de prison et de ceux irrégulièrement absents le dernier jour du prêt ou au moment de son paiement;

6° Les prestations éventuelles lorsqu'elles sont allouées.

61. *Prestations éventuelles.* — Elles sont allouées dans des circonstances spéciales, savoir :

Prime n° 1 : 5 cent. (boissons hygiéniques et liquides);
— n° 2 : 10 — (boissons hygiéniques et liquides);
— n° 3 : 15 — (marches et manœuvres);
— n° 4 : 20 — (marches et manœuvres alpines);
Indemnité de 30 cent. (fête nationale du 14 juillet).

62. *Dépenses de l'ordinaire.* — L'ordinaire paie toutes les denrées alimentaires et les condiments qui servent à la nourriture des canonniers (le pain de table excepté) et toutes les boissons qui leur sont fournies.

Taux moyen des principales denrées achetées par l'ordinaire. — Ces quantités sont variables; elles sont ordinairement :

Viande fraîche	350 gr. par jour (au moins).
Poisson.	180 à 200 gr. par repas.
Lapin, oie, chevreau, etc.	140 à 150 grammes par repas en moyenne.
Pain de soupe	50 à 60 grammes par soupe.
Légumes	Quantité variable suivant le menu (en moyenne 1 kilogr. par jour).

Les canonniers sont tenus de manger à l'ordinaire, à la table commune, avec leur pièce.

(1) Cette différence de 0,01 est justifiée par les différences relatives à la taille minima fixée pour les soldats dans certains corps.

(2) Mettre au crayon le chiffre fixé. Le maréchal des logis chef l'indiquera.

La permission de manquer à la soupe est accordée par le maréchal des logis de semaine sur la demande du brigadier de pièce.

63. *Boni.* — Le *boni* de l'ordinaire est la différence entre les recettes et les dépenses. Il est fait pour parer aux besoins spéciaux, aux variations de l'effectif ou de la valeur des denrées et pour améliorer les repas les jours de fête ou de fatigue.

Allocations gratuites.

64. Les allocations distribuées gratuitement sont :

Pain (ration journalière). .	675 gr.	
ou Pain biscuité	700	
ou Pain de guerre (*id.*). . .	600	
Conserves de viande . . .	200	à certains jours indiqués; l'indemnité de viande n'est alors pas perçue ces jours-là.
Porc salé	240	

Tabac.

65. Le militaire, s'il fume, a droit à un paquet de 100 grammes de tabac, dit tabac de cantine, moyennant le paiement de 15 centimes tous les dix jours, les 10, 20, 30 de chaque mois.

Distributions.

66. *Rôle des gradés et des hommes de corvée aux distributions.* — Ils ne sont pas seulement chargés d'assurer le transport des denrées distribuées, mais ils doivent surveiller les pesées et le mesurage de ces denrées, puis en examiner la qualité; s'ils ont des observations à faire à ce sujet, ils les adressent avec le chef de la corvée à l'officier chargé du service.

Hygiène de la viande et des légumes.

67. La viande fraîche doit toujours être vérifiée, avant la distribution, par un vétérinaire ou par un médecin et par l'officier de distribution. Il importe ensuite que les hommes de corvée et les cuisiniers donnent à la viande des soins particuliers : la placer dans des paniers propres, ne pas la déposer sur le sol ou sur des tables non nettoyées, la couvrir, puis, en attendant la cuisson, la suspendre à l'air, dans un local frais et sombre où les mouches ne puissent pas pénétrer.

De même, il faut éviter que les légumes, et en particulier les pommes de terre épluchées, ne soient souillés.

Chauffage et éclairage.

68. Tout ce qui se rapporte au chauffage et à l'éclairage des divers locaux, chambres, cuisines, corridors, cours, est payé par les fonds de la masse de chauffage du corps.

Les allocations de cette masse sont déterminées suivant les régions, les saisons, les locaux et le nombre d'hommes.

Couchage et casernement.

69. La masse de couchage et d'ameublement du corps pourvoit aux dépenses de l'entretien du couchage des hommes et du mobilier (y compris les ustensiles des chambres, tels que balais, paillassons, fauberts, crachoirs, planches pour listes d'appel et états de casernement, planches à astiquer).

Celle du casernement pourvoit à l'entretien et aux réparations des locaux du casernement.

TABLEAU

Composition des rations de vivres en campagne.

DENRÉES			RATION de vivres de réserve	RATION forte	RATION normale
Pain.	Pain ordinaire		»	0k 750	0k 750
	ou Pain biscuité		»	0 700	0 700
	ou Pain de guerre		0k 300 (1)	0 600 (2)	0 600
Vivres-viande.	Viande fraîche		»	0 500	0 400
	ou Viande de conserve assaisonnée		0 300	0 300	0 200
Vivres de campagne.	Petits vivres.	Légumes secs ou riz	»	0 100	0 060
		Sel	»	0 020	0 020
		Sucre	0 080	0 032	0 021
		Café torréfié en tablettes	0 036	»	»
		Café torréfié en grains ou en tablettes	»	0 024	0 016
		ou Café vert	»	0 0285	0 019
	Lard (chaque fois que l'on distribue de la viande fraîche)		»	0 030	0 030
	Potage salé (distribué, en principe, en même temps que la viande de conserve)		0 050	0 050	0 050
	Eau-de-vie		0l 0625	»	»
	A tout homme bivouaqué ou à titre exceptionnel	Vin	»	0l 25	0l 25
		ou Bière *ou* Cidre	»	0 50	0 50
		ou Eau-de-vie	»	0 0625	0 0625

(1) 6 galettes en moyenne.
(2) 12 galettes en moyenne.

CHAPITRE IX

HYGIÈNE MILITAIRE

Soins de propreté corporelle.

1. L'*hygiène* est la science du savoir-vivre en tout ce qui concerne la conservation de la santé et le développement normal et esthétique du corps humain.

2. *Soins corporels.* — Une exquise propreté corporelle est la première condition pour bien se porter.

La peau de l'homme a diverses fonctions (1) : elle absorbe des gaz de l'air environnant et produit un certain dégagement d'acide carbonique; par la sueur elle élimine de l'eau, des sels minéraux, de l'urée, des produits excrémentiels, puis elle sécrète une matière grasse qui lui donne son onctuosité.

Pour bien remplir ces fonctions, la peau du corps entier doit être constamment propre.

Un des premiers bienfaits de cette propreté, c'est la préservation des maladies de la peau : démangeaisons, boutons ou éruptions, pelade, gale, insectes parasites, etc...

En outre, on a partout un sentiment de répulsion à l'égard des gens malpropres.

Les soins corporels comprennent :

1° *Le lavage chaque jour, et même plusieurs fois par jour, du visage, du cou et des mains (se laver au savon les mains, avant chaque repas, surtout pour les conducteurs)* ;

2° *Le maintien constant en état de propreté des pieds et des parties génitales ;*

3° *Un grand bain ou une douche tous les huit ou quinze jours, si possible ;*

4° *L'entretien constant des ongles, du cuir chevelu et des cheveux ;*

5° *Le rinçage journalier de la bouche et brossage des dents matin et soir.*

Ustensiles de toilette et linge. — Ces ustensiles tels que peignes, brosses, éponges, serviettes, doivent être entretenus dans le plus grand état de propreté, ils sont absolument personnels, il ne faut jamais les prêter.

Le linge de corps doit être changé au moins une fois par semaine, c'est une nécessité absolue.

---

(1) La peau exerce des fonctions similaires ou mieux complémentaires de celles du poumon, et elle joue encore, dans ses sécrétions, un rôle analogue à celui des reins.

Le canonnier monté doit maintenir très propres toutes les parties de son corps qui touchent la selle ou le cheval, c'est-à-dire les jambes, les genoux, les cuisses et les fesses. Il évitera ainsi des clous ou des excoriations difficiles à guérir.

Le canonnier qui, en descendant de cheval, se sent légèrement blessé ou excorié, a comme premier soin de se laver avec de l'eau boriquée ou acidulée, en employant un petit linge très propre. Ensuite il devra se graisser la partie sensible avec de la vaseline ou avec la pommade qui lui aura été donnée dans sa batterie.

L'infirmerie lui fournira ce qui lui est nécessaire pour ces soins.

Tenue des chambres.

3. Il faut décrotter ses chaussures à l'extérieur, nettoyer et battre ses vêtements en dehors de la chambrée, ne pas mettre de linge entre la paillasse et le matelas, ne pas fumer la nuit (ni lorsque les fenêtres sont fermées); il est défendu de se coucher sur les lits avec de la chaussure, de manger sur les lits, de cracher et de jeter les bouts de cigarettes ou les fonds de pipe ailleurs que dans les crachoirs.

Les chambres sont nettoyées avec un faubert humide; l'interdiction du balayage à sec sur les surfaces imperméables est absolue.

Le système d'aération prescrit pour les chambres doit être constamment maintenu en hiver comme en été.

Tous les samedis, il faut nettoyer à fond les planchers et les vitres, puis battre à l'air les couvertures et les matelas (1).

Plus est considérable une agglomération humaine, plus rigoureuse doit être l'observation des principes d'hygiène et de propreté ; sans cela, les maladies y éclosent facilement et s'y propagent dans de grandes et déplorables proportions.

Boissons.

4. Les soldats sont absolument obligés de ne boire que de l'*eau déclarée potable*. Toute infraction à cette prescrip-

---

(1) Les deux principaux buts hygiéniques recherchés dans la tenue des chambres sont:

1° D'éviter d'amener des poussières et de les soulever dans l'atmosphère intérieure, car elles sont le véhicule habituel du microbe de la tuberculose;

2° De débarrasser les chambres de leur air vicié et confiné pour avoir toujours un air pur, respirable et revivifiant.

tion peut être la cause d'épidémies ayant les conséquences les plus funestes.

Les eaux malsaines ou peu sûres ont de grandes chances de contenir le microbe de la fièvre typhoïde, l'eau est son véhicule ordinaire.

On ne boira donc que des *eaux potables* provenant de sources vérifiées, ou des eaux filtrées, stérilisées ou bouillies.

Au point de vue de goût, il est bon de les couper avec du café, du thé, du vin ou de l'eau-de-vie.

Lorsque les soldats ont des occasions de boire du vin, de la bière, du cidre ou d'autres liquides, qu'ils sachent être sobres, c'est de l'hygiène et c'est une qualité précieuse.

Le soldat ne doit jamais boire à la cruche (prescription formelle), chacun se sert de son quart.

Recommandations pour les marches, manœuvres et la vie au bivouac.

5. Il faut qu'il veille à sa chaussure, qui doit être souple et en bon état à l'intérieur et à l'extérieur, puis il importe absolument qu'il soigne ses pieds avant le départ et dès l'arrivée.

Il faut se maintenir les pieds propres, sans cependant les laver à grande eau; les essuyer et les graisser; pour cela on emploie la graisse que le capitaine fait donner ou simplement du suif. Traverser les ampoules avec un fil de soie propre et les panser avec une bande de toile suiffée. Il faut se faire couper les ongles et les cors avec soin.

Le soldat boit ce qu'il a dans son bidon, mais il ne s'arrête nulle part pour prendre de l'eau sans autorisation, ou si l'ordre n'en a pas été donné; en principe, il faut boire le moins possible, se gargariser si la soif est trop vive.

L'ingurgitation rapide de grandes quantités d'eau pendant les marches est souvent suivie d'accidents graves et même de mort.

A la grand'halte et à l'arrivée, il est prudent de manger un peu avant de boire. Quand on est en transpiration, on doit boire lentement et à petites gorgées.

On doit s'abstenir de boissons alcooliques.

Autant que possible on ne part pas à jeun. Le soldat peut en marchant manger un casse-croûte, mais il ne doit consommer les aliments destinés à la grand'halte ou aux repas que lorsque l'ordre en est donné.

Précautions générales. — Se conformer, en été et en hiver, aux ordres donnés pour le port des vêtements et pour la façon de les ouvrir ou de les fermer selon la température, — se préserver du soleil par le couvre-nuque, — ne pas se coucher sur la terre humide pendant les haltes.

En rentrant d'une marche, il faut fermer les fenêtres pour éviter les courants d'air; il ne faut pas se dévêtir, à moins qu'on ne veuille changer de linge; dans ce cas, le faire rapidement.

Après une grande fatigue suivie de transpiration, un repos complet et immédiat est pernicieux; le mouvement fait éviter les refroidissements.

Au bivouac, il faut pratiquer toutes les mesures ordinaires d'hygiène et surveiller surtout la propreté, les qualités de l'eau et les refroidissements.

Maladies contagieuses et diverses.

6. Dans les casernes, les hommes atteints de maladies contagieuses doivent être isolés au plus tôt; les hommes de la chambre du malade évitent de pénétrer dans les chambres voisines, car ils peuvent être propagateurs de la maladie. S'il y a lieu, on désinfecte la chambre et les vêtements du malade.

Les maladies dont on peut éviter la propagation sont : la tuberculose (*aération, soleil, éviter les poussières, ne pas cracher par terre*) ; la fièvre typhoïde (*ne boire que de l'eau potable*) ; les maladies vénériennes, parmi lesquelles la syphilis qui a des conséquences déplorables; non seulement elle s'attaque à l'individu qu'elle frappe d'une empreinte terrible, mais elle rejaillit encore sur sa descendance et affaiblit la race (*fuir les femmes suspectes, se méfier de tout contact avec un malade, voir de suite un médecin si on est atteint*).

L'hygiène veut la tempérance qui évite l'alcoolisme, véritable maladie, dont les conséquences sont funestes pour la santé de l'homme et pour sa vie (*ne pas boire d'alcool, pas d'apéritif, et modérément le vin, la bière, le cidre, etc.*).

Toute plaie, si petite soit-elle, doit être nettoyée de toute souillure avec de l'eau phéniquée, ou avec une solution de sublimé, d'acide borique ou simplement avec de l'eau bouillie. Mettre ensuite la plaie à l'abri au moyen d'un pansement propre et de préférence aseptique.

Paquet individuel de pansement.

7. En campagne, chaque homme possède un paquet individuel de pansement destiné à procurer au blessé un premier pansement en attendant les soins du médecin; il se compose de : un plumasseau d'étoupe enveloppée de gaze, une compresse en gaze, une bande de coton, deux épingles de sûreté (le tout dans une double enveloppe). Il se place dans la poche intérieure gauche de la veste.

Interdiction est faite de l'ouvrir avant le moment précis de l'utiliser.

CHAPITRE X

SERVICE DES PLACES

Devoirs généraux. Le mot.

1. Le service des places est un service très important. On doit s'y préparer et se présenter à l'inspection de la garde étant propre et brillant.

Dans le service des places, on doit être attentif, ponctuel et leste. Le soldat de garde est souvent une autorité; on compte sur lui pour la garde de personnes et d'établissements importants; il a parfois le droit de vie et de mort sur quiconque n'obéit pas aux ordres de sa consigne.

Aussi, aucune négligence ne doit être tolérée.

Principaux devoirs dans les postes. — On ne quitte jamais son poste, on ne se déshabille pas, on n'enlève ni son sabre, ni son revolver, ni sa cartouchière, et on ne joue pas.

Chaque homme du poste a un numéro; les mousquetons, les havresacs ou les manteaux sont placés par numéro.

Il faut bien écouter et retenir les consignes données, puis lire celles affichées dans le poste et dans la guérite.

L'homme de garde doit ponctuellement obéir au chef de poste, car c'est lui qui est responsable.

2. *Le mot.* — C'est un moyen de reconnaissance. Il comprend deux noms : 1° le *mot d'ordre,* qui est le nom d'un grand homme, d'un général célèbre ou d'un brave mort au champ d'honneur; 2° le *mot de ralliement,* qui est le nom d'une bataille, d'une ville, d'une vertu civile ou guerrière. Exemple : *Napoléon, Nancy.* Les deux noms commencent par la même lettre.

Le mot varie tous les jours.

3. *Droits du commandant d'armes d'une place.* — Lorsque les circonstances l'exigent, le commandant peut consigner dans l'intérieur de la place tout ou partie des troupes de la garnison.

Dans les circonstances graves, le commandant d'armes peut consigner dans les casernes la totalité ou une partie des troupes de la garnison.

Les chefs de corps ou de détachement ont ce même droit pour leurs troupes. Hors le cas d'urgente nécessité, elles ne peuvent, sans l'autorisation de ce dernier, être prolongées au delà de vingt-quatre heures.

4. *Alerte ou alarme.* — L'alarme est annoncée par la générale; tous les militaires sont tenus de se réunir sur-le-champ au corps dont ils font partie.

Si un chef de détachement est appelé à mettre de l'ordre en ville dans un local où des soldats seraient engagés, le militaire envoyé opère directement avec énergie si le local est public; si le lieu est clos, il ne peut y entrer sans la réquisition de l'occupant, ou l'assistance d'un commissaire de police ou sans les cris : *Au feu! A l'assassin! Au secours! Au voleur!*

Le chef dans son poste doit veiller à ce que les hommes ne boivent que de l'eau potable et à ce que le poste soit fréquemment aéré, convenablement chauffé et éclairé.

Les chefs de garde veillent à ce que leurs hommes exécutent tout ce qui est prescrit au sujet du bon ordre du poste.

Sentinelles. Troupes, rondes, patrouilles.

5. Les *sentinelles* ont toujours la baïonnette au canon; elles ne portent pas le sac; elles peuvent avoir l'arme au pied ou sur l'épaule; elles ne la quittent jamais, même dans la guérite; lorsqu'elles sont dans le cas de se mettre en défense, elles croisent la baïonnette.

Elles doivent toujours garder une attitude militaire, ne parler à qui que ce soit sans nécessité et ne s'écarter de leur guérite à plus de 30 pas.

Les sentinelles ne se laissent relever que par un gradé du poste ou par le militaire qui en fait fonction; elles ne répètent leur consigne ou n'en reçoivent de nouvelle qu'en présence du chef ou d'un gradé du poste.

Elles doivent protection, sans toutefois s'éloigner de leur poste, à tout individu dont la sûreté est menacée et qui se réfugie auprès d'elles.

La durée de la faction est de deux heures, sauf quand la rigueur de la saison ou des circonstances particulières conduisent le commandant d'armes à la réduire.

6. *Cris.* — Si une sentinelle a besoin de se faire relever, elle crie : *Chef de poste, venez relever!*

Si elle aperçoit un incendie, elle crie : *Au feu!*

Si elle entend du bruit ou est témoin d'un désordre, elle crie : *A la garde!*

Si, devant les armes, elle entend la générale ou si elle aperçoit la personne ou le corps constitué à qui on rend les honneurs, elle crie : *Aux armes!*

Ronde ou patrouille de nuit. — Pendant la nuit, à partir de l'heure fixée par le commandant d'armes, la sentinelle qui aperçoit une troupe, une ronde ou une patrouille, crie : *Halte-là!* Si la troupe, la ronde ou la patrouille s'arrêtent, la sentinelle crie : *Qui vive!* Sur la réponse : *France, ronde* ou *patrouille!* la sentinelle crie : *Avance au ralliement!* Le chef s'avance et donne le mot de ralliement à la sentinelle.

Si la troupe, la ronde ou la patrouille ne s'arrêtent pas,

la sentinelle répète : *Halte-là!* Si on continue à avancer sans répondre, la sentinelle croise la baïonnette et empêche de passer.

S'il s'agit d'une sentinelle devant les armes, dès qu'elle a reçu le mot de ralliement, elle appelle le chef de poste, qui vient reconnaître.

7. Les sentinelles qui, la nuit, par suite de consignes particulières, ne doivent pas se laisser approcher, crient à toute personne qui passe à proximité : *Halte-là!* après ce cri répété une deuxième fois : *Au large!*

Si on ne s'était pas arrêté, elles auraient croisé la baïonnette et empêché de passer.

La nuit, une sentinelle qui ne doit pas se laisser approcher et qui a son arme chargée, en cas d'alarme, de troubles ou d'attaque, crie à celui qui vient à elle : *Halte-là!* Si on ne s'arrête pas, elle répète une seconde fois : *Halte-là!* et, s'il y a lieu, elle crie : *Halte-là, ou je fais feu!*

Si alors on continue à s'avancer, elle fait feu et appelle la garde.

8. *Consigne spéciale pour les sentinelles des postes placés aux prisons.* — Dans les postes placés aux prisons, la consigne générale est complétée, en ce qui concerne les devoirs des factionnaires, par les dispositions ci-après :

1° Les factionnaires veillent à la sûreté de l'établissement et avisent le chef de poste de tout fait de nature à la compromettre;

2° Lorsqu'ils n'ont point, en vertu des instructions reçues, leurs armes chargées, ils disposent de deux cartouches libres qu'ils placent dans la cartouchière qui est le plus à la portée de la main;

3° Si un factionnaire voit, pendant le jour, un détenu sur les toits ou escaladant les murs, il lui fait immédiatement la sommation de s'arrêter, et donne sur-le-champ l'alarme en criant : *Aux armes!* cri qui est répété par les autres factionnaires;

4° Si le factionnaire constate pendant la nuit une tentative d'évasion, il charge son fusil, en criant : *Halte-là ou je fais feu!* Si, malgré cet avertissement, le détenu ne s'arrête pas, la sentinelle fait feu et appelle la garde;

5° Si un détenu paraît la nuit à une fenêtre non garnie de barreaux, le factionnaire le somme de se retirer et renouvelle deux fois sa sommation. Il ne fait feu qu'après la dernière sommation;

6° En dehors des cas visés tant à la consigne générale du poste qu'aux numéros 4° et 5° du présent article, les sentinelles ne doivent faire usage de leurs armes qu'en cas de légitime défense.

Honneurs.

9. Pour rendre les honneurs, les canonniers présentent les armes :

Ceux qui sont armés du mousqueton *présentent les armes* en prenant la position du premier mouvement de l'arme sur l'épaule droite.

Ceux qui sont armés du sabre *présentent le sabre* en prenant la position du premier mouvement de remettre le sabre.

Les troupes en marche et les isolés autres que les factionnaires rendent les honneurs sans mettre la baïonnette au canon.

Les honneurs militaires ne se rendent que pendant le jour.

Les sentinelles présentent les armes :

Aux drapeaux et étendards;

Aux officiers des armées de terre et de mer;

Aux troupes en armes;

Aux membres de la Légion d'honneur porteurs des insignes de leur décoration;

Aux convois funèbres;

Aux officiers des armées étrangères.

Elles gardent l'immobilité, la main dans le rang et l'arme au pied pour :

L'adjudant-chef;

Les adjudants et assimilés;

Les décorés de la médaille militaire porteurs de la médaille.

Garde de police du quartier.

10. Il y a à la porte du quartier un poste de police réduit au strict nécessaire.

La consigne de ce poste varie par caserne, c'est le chef de corps qui la donne suivant les circonstances.

La *sentinelle* remplit les devoirs généraux des sentinelles et, à la porte du quartier, crie : « Aux armes ! » lorsque le chef de corps vient à la caserne. Elle prévient le chef de poste de tout ce qu'il y a d'irrégulier autour de la caserne ou dedans.

Entrées et sorties de la caserne. — En principe, sans l'autorisation du chef de poste :

1° Elle ne laisse sortir du quartier aucun étranger avec un paquet ou une arme, ni un brigadier ou canonnier avec un paquet, un mousqueton ou un revolver;

2° Elle ne laisse y entrer aucun étranger ou homme de troupe d'un autre corps;

3° Elle ne laisse sortir aucun canonnier avec un cheval sans l'autorisation de la batterie.

Après l'appel du soir, elle fait entrer au corps de garde

les militaires de tous grades qui entrent ou sortent; elle signale au maréchal des logis les lumières non éteintes après la sonnerie de l'extinction des feux.

Elle ne laisse jamais entrer aucun chien à la caserne.

Service de planton. Service en cas de troubles. Main-forte due à l'autorité.

11. Un *militaire de planton* est un agent qui a une certaine importance dans l'exécution du travail journalier des divers services du régiment et des états-majors.

Canonnier planton. — Le planton doit être *actif et consciencieux*, car il est chargé soit de transmettre des ordres et des papiers importants, soit de garder des archives et des pièces confidentielles, soit encore d'exercer une surveillance déterminée ou de faire observer une consigne particulière. Ce service ne doit souffrir aucune négligence; il faut que tout soldat en soit bien pénétré.

12. *Force militaire réquisitionnée.* — Pour maintenir l'ordre public ou pour assurer l'exécution des lois, l'autorité militaire n'agit qu'en vertu de la réquisition écrite de l'autorité civile.

Dans ce cas les troupes ne font usage de leurs armes par le feu que si des violences ou voies de fait sont exercées contre elles, ou que si elles ne peuvent défendre autrement le terrain qu'elles occupent ou les postes dont elles sont chargées.

Elles agissent également par leurs armes quand elles se trouvent dans le cas prévu par l'article 3 de la loi du 7 juin 1848, qui dit :

« Lorsqu'un attroupement armé ou non armé se sera formé sur la voie publique, le maire ou l'un de ses adjoints, à leur défaut le commissaire de police ou tout autre agent ou dépositaire de la force publique et du pouvoir exécutif, portant l'écharpe tricolore, se rendra sur les lieux de l'attroupement.

« Un roulement de tambour annoncera l'arrivée du magistrat.

« Si l'attroupement est armé, le magistrat lui fera sommation de se dissoudre et de se retirer.

« Cette première sommation restant sans effet, une seconde sommation précédée d'un roulement de tambour sera faite par le magistrat.

« En cas de résistance, l'attroupement sera dispersé par la force.

« Si l'attroupement est sans armes, le magistrat, après le premier roulement de tambour, exhortera les citoyens à se disperser. S'ils ne se retirent pas, trois sommations seront successivement faites.

« En cas de résistance, l'attroupement sera dissipé par la force. »

Nota. — Pour le *service en cas de troubles* et pour la *main-forte due à l'autorité*, voir aussi le paragraphe VIII : « Conduite en ville en cas de troubles », page 18, chap. I.

CHAPITRE XI

ARMEMENT ET TIR

1. L'armement des troupes d'artillerie comprend :

Un mousqueton et un sabre-baïonnette pour les hommes non montés;

Un revolver et un sabre pour les hommes montés. En campagne, les conducteurs n'emportent que le revolver.

Mousqueton.

2. Le mousqueton d'artillerie est du modèle 1892, le calibre intérieur est de 8 millimètres; il tire la cartouche d'infanterie modèle 1886, dont le poids est de 27gr5 environ.

Le poids du mousqueton est de 3kg 100; celui du sabre-baïonnette est de 0kg 425 sans fourreau, et de 0kg 640 avec fourreau.

Le fonctionnement de la répétition repose sur l'emploi du chargeur.

Le chargeur est un petit récipient en tôle mince de la contenance de trois cartouches.

Nomenclature, démontage et remontage,

3. Le *mousqueton* se divise en cinq parties principales :

1° Le canon;
2° La culasse mobile;
3° Le mécanisme;
4° La monture;
5° Les garnitures.

On remarque sur le canon : le guidon et la hausse.

La boîte de culasse est vissée sur le canon. L'âme cylindrique du canon est du calibre de 8 millimètres et a quatre rayures en hélice, tournant de droite à gauche au pas de 24 centimètres; la profondeur de la rayure est de 15 centièmes de millimètre.

Le *démontage* se fait dans l'ordre suivant :

1° La bretelle;
2° La culasse mobile qui comprend : la vis d'assem-

blage du cylindre, la tête mobile, l'extracteur, le manchon, le chien, le percuteur, le ressort à boudin et le cylindre;

3° La vis de pontet ;

4° La vis de mécanisme;

5° Le mécanisme, qui se divise en mécanisme avant et mécanisme arrière. Le mécanisme avant comprend le support d'élévateur et l'élévateur.

Le mécanisme arrière comprend le pontet-support de mécanisme, le montant, le crochet de chargeur, la goupille de ressort, la gâchette, la détente à double bossette, la goupille de détente, l'éjecteur, la vis de crochet de chargeur, la vis de gâchette, la vis d'éjecteur, l'entretoise et le trou de vis de mécanisme.

Pour démonter entièrement le mécanisme :

1) Dévisser la vis-pivot d'élévateur et l'enlever en maintenant la tête d'élévateur en place avec le pouce de la main gauche; retirer l'élévateur;

2) Enlever la vis de gâchette et la gâchette réunie à la détente;

3) Enlever la vis de crochet de chargeur; saisir le ressort de crochet et le tirer en arrière et vers le haut pour faire sortir le crochet de son logement;

6° La baguette;

7° La vis de culasse;

8° L'embouchoir;

9° La grenadière;

10° Le canon;

11° La monture en noyer qui comprend : le fût, la poignée et la crosse.

Le remontage se fait dans l'ordre inverse.

Nota. — Le mécanisme ne doit être démonté qu'exceptionnellement, en cas de mauvais fonctionnement ou d'oxydation des parties engagées dans le corps du mécanisme, et seulement sur l'ordre d'un officier.

On ne démonte jamais l'extracteur, la planche supérieure et les ressorts d'élévateur, les vis de support d'élévateur et la vis-éjecteur, les pièces de la hausse et, sur la monture, les ressorts de garnitures, les supports d'oreilles, le taquet, l'écrou-support, le battant de crosse et la plaque de couche.

Entretien du mousqueton.

4. L'entretien de l'arme est le principal devoir du soldat.

Le mousqueton ne doit jamais être lavé à l'eau; on n'emploie ni émeri ni brique sèche.

On emploie de la graisse d'armes avec la brosse à fusil ou avec des chiffons gras.

On huile toutes les pièces qui éprouvent un frottement.

On nettoie le mousqueton ainsi qu'il suit :

Après le tir :

1° On enlève le mécanisme, dont les différentes pièces sont essuyées et graissées sur place;

2° On démonte complètement la culasse mobile; chaque pièce est essuyée avec un linge sec, puis graissée légèrement;

3° L'intérieur du canon est nettoyé avec un petit linge sec, au moyen de la ficelle; puis on le graisse légèrement. L'aminci circulaire et l'entrée de la chambre sont nettoyés avec des curettes en bois tendre; on essuie l'extérieur du canon, puis on y passe les pièces grasses, ainsi que sur toutes les garnitures. Si le nettoyage a lieu longtemps après le tir, on emploie un petit linge huilé.

NOTA. — Chaque mois on doit faire un nettoyage semblable, indépendant des nettoyages après les tirs. La baguette ne doit pas servir pour le nettoyage, on ne l'emploie que pour expulser des étuis qui n'auraient pas cédé à l'extracteur.

Après chaque *exercice ordinaire :*

1° On enlève la culasse mobile; on en essuie et on en graisse toutes les parties sans la démonter; on peut même ne pas retirer la culasse;

2° On nettoie l'intérieur du canon comme après le tir.

Observation. — S'il a plu ou fait de la poussière, il faut démonter et nettoyer complètement la culasse mobile.

On frotte, lorsqu'il en est besoin, le bois avec un chiffon huilé.

5. *Rouille.* — On combat la rouille sur l'acier et les pièces en fer avec un linge huilé; en cas de nécessité, avec de la brique brûlée, pulvérisée, tamisée et délayée dans la graisse; sur les pièces bronzées, avec du drap légèrement gras seulement.

6. Toutes les pièces qui éprouvent un frottement doivent être huilées :

1° A la culasse mobile : la griffe de l'extracteur, le canal de la tête mobile, la pointe du percuteur, les rampes du cylindre et du chien, les crans du chien. Mettre également une goutte d'huile sur la rampe de la tranche postérieure de l'échancrure et sur la rampe de dégagement, puis faire marcher le mécanisme de fermeture;

2° Dans le mécanisme : le galet du ressort inférieur d'élévateur, la bossette de la planche supérieure, le plan incliné du crochet de chargeur, les deux rouleaux du ressort de crochet, la goupille de détente, la tête de gâchette et le crochet intérieur de support d'élévateur;

3° La charnière de la hausse et les filets des vis.

Revolver modèle 1892.

7. Le revolver modèle 1892 est à six coups; son calibre est de 8 millimètres, le canon à quatre rayures tournant de droite à gauche au pas de 24 centimètres.

Poids de l'arme.	non chargée.	0kg 840
	chargée de six cartouches. .	0kg 915

Le poids de la balle est de 8 grammes, celui de la cartouche de 12 grammes.

Il se divise en six parties principales :

1° Le *canon* (son guidon);

2° La *carcasse* (la console, la bande, le rempart, la cage du barillet, la poignée);

3° Le *barillet* (le canal de l'axe du barillet, les six chambres, le support du barillet, l'extracteur);

4° La *platine* (le chien, le grand ressort, la détente);

5° Les *garnitures* (la plaque-pontet, la porte);

6° La *monture* (la plaquette de droite, la plaquette de gauche).

Démontage et remontage.

Démontage ordinaire.

8. *Mise à découvert de la platine.* — Dévisser la vis de plaque-pontet, rabattre la plaque-pontet, enlever la plaquette gauche.

Démontage de la platine. — La platine étant à découvert, ouvrir la porte, placer le revolver dans la main gauche, le pouce contre l'avant de la carcasse, les deux derniers doigts contre l'arrière de la détente. Enlever ensuite les pièces de platine dans l'ordre des numéros qu'elles portent; saisir le grand ressort avec la main droite un peu en avant du tenon; le pousser à droite en le soulevant légèrement pour dégager le tenon de son encastrement; laisser le ressort se détendre librement et l'enlever. Chasser en arrière la crête du chien, enlever le chien. Pousser la détente en avant, dégager la barrette de son logement, la séparer de la détente (on peut retirer à la fois ces deux pièces en agissant sur la queue de la détente).

Démontage du support du barillet. — La porte étant ouverte, dévisser la vis-arrêtoir de support de barillet; retirer cette vis; rabattre le barillet en demi-à-droite. Pousser le barillet en avant pour faire sortir le pivot de son logement. Le mouvement commencé, rabattre complètement le barillet à droite pour empêcher la branche du ressort de tomber dans la gorge du pivot.

Remontage.

9. Le remontage a lieu dans l'ordre inverse, savoir :

Remontage du barillet. — La vis-arrêtoir de support du

barillet étant enlevée et la porte ouverte, engager le bout du pivot de support dans son logement, le méplat contre la branche du ressort, faire glisser le barillet en arrière le long de son axe jusqu'à la butée de la carcasse; rabattre le barillet en demi-à-gauche pour bander le ressort et presser en arrière le bras de support de manière à faire entrer le pivot dans son logement; rabattre complètement le barillet dans sa cage et remettre en place la vis-arrêtoir.

Remontage de la platine. — La porte étant ouverte, remettre en place la détente, la barrette et le chien; placer le revolver dans la main gauche comme pour le démontage, saisir le grand ressort de la main droite, engager la griffe plate dans son logement en l'appuyant contre le galet de barrette; comprimer la branche de percussion avec les deux premiers doigts, de manière à amener son galet au contact du chien; en même temps, pousser le ressort à droite avec le pouce jusqu'à ce que le tenon rentre dans son encastrement. Ce dernier mouvement est facilité en tirant légèrement le chien en arrière avec le pouce de la main droite, tout en maintenant le ressort avec le pouce de la main gauche.

Remontage de la plaque-pontet. — Remettre la plaquette gauche en place; rabattre à droite la plaque-pontet; visser en pressant la plaque-pontet contre la vis. On facilite la prise des filets en tournant d'abord d'un demi-tour pour dévisser, puis en vissant.

Tout autre démontage est interdit.

Nettoyage et entretien. — On applique les procédés généraux de nettoyage indiqués pour le mousqueton.

Sabre.

10. Le sabre est du modèle 1822.

On distingue dans le sabre :

1° La *lame* droite à deux pans creux; la pointe, le tranchant, le dos, la gouttière, la soie, le talon;

2° La *monture*, qui comprend : la garde symétrique à cinq branches, la coquille, la poignée en bas avec son cuir et son filigrane; la calotte avec l'œil de perdrix;

3° Le *fourreau :* le corps du fourreau, la cuvette, les battes, le bracelet, l'anneau, le dard;

4° La *cravate* en buffle.

Instruction du tireur et tir à la cible.

11. La trajectoire est la courbe que décrit la balle pendant son trajet dans l'air.

La ligne de tir est l'*axe du canon* indéfiniment prolongé dans la position du pointage.

La *ligne de mire* est celle qui est déterminée par le fond du cran de mire de la hausse et le sommet du guidon.

Pointer, c'est diriger la ligne de mire sur le point à atteindre.

La portée est la distance du point de départ de la balle à son point de chute.

La hausse. — C'est un appareil fixé sur le canon, qui sert à donner à l'arme l'inclinaison voulue pour atteindre le but fixé.

L'inclinaison est d'autant plus grande que la distance est plus éloignée.

La vitesse du tir est le nombre de coups qu'un homme tire dans une minute.

12. Les tirs avec le mousqueton sont exécutés par les gradés, les élèves brigadiers et les hommes armés du mousqueton.

Les tirs se font aux distances de 100 à 200 mètres.

Chaque tireur brûle en général 30 cartouches dans les six séances ci-après :

NUMÉRO DU TIR	DISTANCE	GENRE DE TIR	NOMBRE de cartouches	OBSERVATIONS
1	100 m.	Tirs préparatoires { sur appui.	3	On ne doit jamais tirer plus de douze balles dans la même séance. Le 6e tir ne sera pas exécuté si l'allocation n'est pas supérieure à 24.
2	100 m.	Tirs préparatoires { à bras francs.	3	
3	200 m.	Tirs d'application	6	
4	200 m.		6	
5	200 m.		6	
6	200 m.		6	

Le chargement est toujours exécuté avec des chargeurs.

La surface à atteindre est divisée en deux zones, on marque deux points pour toute balle qui atteint la zone intérieure et un point pour la zone extérieure.

13. *Classement des tireurs.* — Les tirs d'instruction comptent seuls pour le classement.

La *première classe* se compose des tireurs qui ont obtenu un nombre de points égal ou supérieur au nombre des cartouches allouées à chacun d'eux pour les tirs d'instruction.

La *deuxième classe* se compose des tireurs qui ont obtenu un nombre de points égal ou supérieur à la moitié du nombre de cartouches allouées.

La *troisième classe* comprend les autres tireurs.

Comme préparation aux tirs à la cible, on exécute des tirs au moyen du mousqueton; on brûle ordinairement 36 cartouches à ce tir, aux distances de 15 et 30 mètres.

Tir au revolver.

14. Les tirs au revolver sont exécutés, à 10 mètres, par les gradés, les élèves brigadiers et les hommes armés du revolver.

Le nombre de cartouches à brûler est indiqué chaque année.

Classement. — La *première classe* se compose des tireurs qui ont un nombre de balles mises égal ou supérieur à la moitié des cartouches allouées dans l'année.

La deuxième classe se compose de ceux qui ont un nombre de balles mises égal ou supérieur au quart des cartouches allouées.

La troisième classe comprend les autres tireurs.

Nota. — Dans les tirs au revolver, la plus grande prudence et l'exécution rigoureuse des prescriptions et des commandements sont spécialement recommandées.

Tir au canon.

Définitions et généralités sur le pointage et le tir.

15. La *distance de tir* est la distance du canon au but.

La *trajectoire* du projectile est la ligne courbe qu'il décrit dans son trajet dans l'air.

La *pointe de chute* est le point où la trajectoire rencontre le sol.

La *portée* est la distance du canon au point de chute.

Un coup est *court* ou *long* suivant que le point de chute est plus près ou plus loin que le but.

Le *plan de tir* est le plan vertical passant par l'axe de la bouche à feu.

Dans son mouvement de rotation, le projectile sort à droite du plan de tir. C'est la *dérivation.*

Le vent fait aussi dévier le projectile.

L'*écart angulaire* entre deux points est l'angle formé par deux plans verticaux passant par l'œil de l'observateur et par chacun de ces points.

Le *plan de pointage* est le plan vertical passant par l'axe du collimateur.

Le pointage en direction consiste à diriger le plan de pointage sur un point déterminé appelé *point de pointage,* après lui avoir donné, par rapport au plan de tir, l'angle nécessaire pour que le point de chute ne s'écarte ni à droite ni à gauche du but. Cet angle s'appelle *dérive.*

La dérive est, en principe, la somme ou différence des éléments suivants :

1° Correction angulaire correspondant à la dérivation;

2° Corrections angulaires dues au vent et à la différence de niveau des roues;

3° Dans le cas où le point de pointage ne coïncide pas avec le but, écart angulaire entre ces deux points.

En général, dans le tir contre les troupes, il n'est pas nécessaire de tenir compte des deux premiers éléments; la dérive est alors l'écart angulaire entre le point de pointage et le but.

Sauf dans le cas de pointage sur but mobile, si l'on craint que le point de pointage ne reste pas toujours assez distinctement visible après le premier pointage, ou si ce premier pointage a été fait par jalonnement, le canon doit être repéré sur un point bien visible, appelé *point de repérage*.

Il y a avantage à choisir ce point aussi éloigné que possible, à moins de 200 millièmes à droite ou à gauche du plan de tir; en outre, pour n'être pas gêné par la fumée, il faut éviter de le prendre dans le voisinage de l'objectif ou dans la direction opposée à celle d'où vient le vent.

La dérive correspondant à ce point s'appelle *dérive de repérage*.

L'*angle de site* est l'angle formé avec le plan horizontal par la ligne droite qui joint le canon au but.

L'*angle de tir* est l'angle formé par cette ligne droite avec l'axe du canon.

L'*inclinaison du canon* est la somme ou différence de ces deux angles, la somme si le but est plus élevé que le canon, la différence s'il est moins élevé.

La *durée du trajet* est le temps que met le projectile à parcourir sa trajectoire depuis sa sortie du canon jusqu'à son point d'éclatement ou jusqu'à son point de chute.

La *hauteur d'éclatement* d'un projectile fusant est mesurée par l'angle formé par les lignes droites joignant le canon respectivement au pied du but et au point d'éclatement.

La *hauteur-type* est la valeur de cet angle qui correspond au maximum d'effet du projectile; pour un projectile d'un modèle déterminé, elle est la même pour toutes les distances de tir.

Les *éléments initiaux d'un tir* sont la distance du tir, la dérive, l'angle de site et, si le tir doit être fusant, la hauteur d'éclatement.

Nota. — L'étude de la pièce et l'instruction d'artillerie sont du domaine des manœuvres pratiques faites sur le terrain avec le matériel confié à la batterie.

Elles ne se donnent point dans les instructions intérieures.

Mode d'action des projectiles.

16. On distingue :

1° Le *tir percutant,* dans lequel les projectiles éclatent au choc;

2° Le *tir fusant,* dans lequel les projectiles éclatent au-dessus du sol après une durée de trajet déterminée;

3° Le *tir à obus explosifs* qui produit un effet de destruction considérable et permet en particulier d'atteindre des troupes cachées derrière un abri.

Tension de la trajectoire dans le tir de l'artillerie à pied.

17. Au point de vue de la tension de la trajectoire, on distingue dans l'artillerie à pied :

Le *tir de plein fouet,* lorsque la trajectoire a le maximum de tension permis par la bouche à feu; on l'exécute avec la charge maxima adoptée pour la bouche à feu;

Le *tir plongeant* et le *tir vertical* sont exécutés avec des charges réduites. On y a recours soit pour atteindre des objectifs abrités derrière une masse couvrante, soit pour assurer l'efficacité, dans le tir des obus explosifs contre les terrassements (si la trajectoire était trop tendue, on risquerait de voir ricocher ces projectiles, qui sont toujours tirés percutants), soit pour produire des effets d'écrasement et de pénétration qui exigent une grande vitesse verticale restante.

Le tir à charge réduite est dit *plongeant* tant que l'angle de chute reste inférieur à 27 degrés.

Il est dit *vertical* lorsque l'angle de chute dépasse 27 degrés.

L'artillerie de campagne tire toujours de plein fouet.

Concours de tir annuel.

18. *Régiments d'artillerie.* — Le concours a lieu après les tirs de l'année, entre les équipes des différentes batteries.

Il donne lieu à un classement définitif.

On décerne :

1° Des grenades en or aux pointeurs des pièces classées les premières sur la liste générale du corps;

2° Des prix à l'ensemble de chacune des équipes classées premières, dans les conditions suivantes :

Il est attribué à tout corps ou fraction de corps isolée autant de grenades en or qu'il comprend de groupes de deux ou trois batteries. Les pointeurs des équipes ayant pris part au concours et qui n'ont pas obtenu de grenades en or à la suite du classement définitif reçoivent chacun une grenade en laine.

La valeur totale des prix à décerner est calculée à partir de 10 francs par batterie prenant part au concours.

Pour un nombre de batteries supérieur à sept, il est décerné :

1° Un premier prix de 30 francs;

2° Deux deuxièmes prix de 20 francs;

3° Autant de troisièmes prix de 10 francs que le nombre des batteries le permettra d'après la règle posée ci-dessus.

Lorsque le nombre des batteries prenant part au concours est de six ou sept, il en sera de même, sauf qu'il ne sera décerné qu'un deuxième prix de 10 francs.

Enfin, si le nombre des batteries prenant part au concours est inférieur à six, il ne sera pas décerné de prix de 20 francs.

Régiments d'artillerie à pied. — Chaque commandant de batterie désigne, pour prendre part au concours, un peloton de pièce complet.

A la suite du classement, on décerne :

1° Une grenade en or aux pointeurs des pelotons de pièces classés les deux premiers (1);

2° Des prix aux pelotons de pièces d'après les règles suivantes :

La valeur totale des prix est calculée à raison de 10 francs par batterie prenant part au concours.

Il est décerné (2) :

1° Un premier prix de 30 francs;

2° Un deuxième prix de 20 francs;

3° Autant de troisièmes prix de 10 francs que le permet la somme allouée.

---

(1) Lorsque le régiment comprend moins de 5 batteries, il n'est accordé qu'une seule grenade.

(2) Dans les régiments de 4 batteries, le premier prix est de 25 francs, le deuxième de 15 francs.

QUATRIÈME PARTIE

SERVICE DE GUERRE (1)

CHAPITRE XII

ORGANISATION DE LA BATTERIE ET TENUE DE CAMPAGNE

I. — Organisation.

1. La mobilisation est le passage du pied de paix au pied de guerre.

La mobilisation de l'artillerie de l'armée active consiste :

A créer les unités de nouvelle formation et à leur passer leur noyau;

A porter à l'effectif de guerre toutes les unités, aussi bien les unités actives que celles de nouvelle formation, par l'appel à l'activité des officiers, des cadres et des hommes de la réserve et par l'incorporation des chevaux de réquisition.

1° La batterie montée de l'artillerie de campagne est portée à l'effectif de 171 hommes et de 168 chevaux, et elle comporte 22 voitures, dont 19 attelées à six chevaux et 3 attelées à deux;

2° La batterie à cheval est portée à l'effectif de 170 hommes et de 210 chevaux et elle comporte 23 voitures, dont 19 attelées à six chevaux et 4 attelées à deux.

Le personnel de la batterie de campagne est réparti en *9 pelotons de pièce*. Chaque pièce est commandée par un MARÉCHAL DES LOGIS, assisté de un ou de deux BRIGADIERS.

Chacune des quatre premières pièces attelle un canon et un caisson.

La 5e pièce attelle 2 caissons;

La 6e pièce attelle 3 caissons;

---

(1) Toute manœuvre, toute marche du temps de paix doit se faire d'après les prescriptions données pour le temps de guerre.

La 7e pièce attelle 3 caissons;

La 8e pièce attelle la forge et le chariot de batterie;

La 9e pièce attelle le train régimentaire, qui comprend le chariot-fourragère et les fourgons à vivres (3 pour les batteries montées et 2 pour les batteries à cheval).

Les cinq premières pièces constituent la batterie de tir, sous les ordres du lieutenant de l'armée active.

Les 6e, 7e et 8e pièces constituent l'échelon sous les ordres du lieutenant de réserve, qui prend également sous son commandement le train régimentaire lorsque celui-ci est réuni à la batterie.

La batterie à pied mobilisée est portée à un effectif s'élevant à environ 300 hommes, dont 15 sous-officiers et 15 brigadiers.

Ce nombre est nécessaire pour assurer dans chaque batterie les trois tours du service de guerre :

1er tour (combat);
2e tour (travaux);
3e tour (repos).
} Durée de chacun des tours : vingt-quatre heures.

La fraction de 1er tour sert ordinairement une batterie de 4 à 6 bouches à feu réunies sous le même commandement, sous le nom de *batterie de tir*

Son personnel prend le nom de *peloton de batterie ;* il peut comprendre des auxiliaires pris dans l'infanterie ; il se subdivise en :

1° Personnel de commandement;
2° Personnel affecté au service des pièces;
3° Personnel affecté au service de l'observation;
4° Personnel affecté au service de l'approvisionnement;
5° Une réserve.

2. *Devoirs du canonnier.* — Le canonnier reçoit aussitôt du magasin de la batterie ses effets n° 1, qui sont essayés d'avance et étiquetés à son nom, ainsi que tout ce qu'il doit emporter en campagne.

Il prend la tenue de campagne, prépare son chargement, puis verse au magasin tous les effets non emportés en campagne, pour qu'ils servent à diverses formations et au dépôt du régiment.

Ensuite le canonnier met toute son activité et son intelligence à coopérer aux opérations suivantes, d'après les ordres donnés :

L'installation dans le cantonnement de mobilisation;

La réception des réservistes et leur répartition entre les pièces;

La perception du lot d'habillement de réserve, l'habillement des réservistes et le marquage de leurs effets;

La perception des armes et des cartouches et leur distribution;

La réception des chevaux de réquisition, leur classement dans les pièces;

La mise en état de leur ferrure;

La perception du harnachement de réserve et son ajustage;

La perception et le graissage du matériel;

La perception des vivres du sac et de débarquement;

La confection des paquetages;

Le versement au magasin des effets civils des réservistes s'il y a lieu, et celui des effets de toute sorte qui ne doivent pas être emportés en campagne.

Les sous-officiers d'approvisionnement sont en outre employés, sous les ordres des officiers d'approvisionnement, au chargement des trains régimentaires.

II. — Tenue de campagne.

3. La tenue de campagne est portée par la troupe en toute circonstance en campagne. A l'intérieur, on la prend toutes les fois que l'ordre en est donné.

Pour les routes ou manœuvres, le chef de corps peut prescrire une tenue de campagne simplifiée ou tenue de route.

La tenue de campagne comprend les effets ci-après :

1° Sur l'homme.

1 képi, 1 veste, 1 pantalon ou 1 culotte, 1 paire de brodequins, 1 cravate, 1 chemise, 1 caleçon, 1 paire de bretelles, 1 petit bidon, 1 quart, 1 mouchoir.

Homme monté en tenue de campagne.

Chaque homme a en outre : 1 paquet individuel de pansement destiné à procurer à tout homme blessé un premier pansement en attendant les soins du médecin; il se compose de : 1 plumasseau d'étoupe enveloppée de gaze, 1 compresse en gaze, 1 bande, 2 épingles de sûreté (le tout dans une double enveloppe). Il se place dans la poche intérieure de la veste, du côté droit.

1 plaque d'identité au cou.

2° Dans les paquetages, sur les voitures ou sur les animaux.

Habillement : 1 manteau ou 1 capote, 1 bonnet de police, 1 paire de brodequins (homme monté). — *Chaussures :* 1 paire de brodequins légers en toile cachou (homme non monté). — *Petit équipement :* 1 caleçon, 1 chemise, 1 pantalon de treillis, 1 bourgeron-blouse, des lacets de rechange, des brides d'éperons, des sous-pieds d'éperons, 1 jeu de deux courroies de manteau, 1 livret individuel, 1 morceau de savon, 1 serviette, 1 trousse garnie.

Un jeu complet pour 2 hommes (brosses à habit, à chaussures, pour armes).

Les effets de pansage pour les hommes montés et conducteurs de mulets ou chevaux (1 musette de pansage, 1 brosse en soie, 1 étrille, 1 éponge, 1 bouchon-serviette, 1 sac à avoine, 1 corde à fourrage, 1 clef à crampon, à taraud).

Grand équipement : 1 dragonne (homme monté), 1 sac d'homme monté, 1 havresac modèle 1883 (homme non monté). 1 sac en toile cachou (artillerie de montagne et ordonnances),

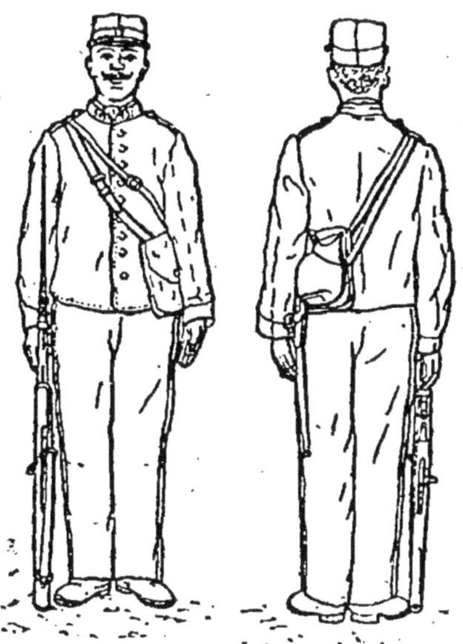

Homme non monté en tenue de campagne.

Ordonnance d'un officier de l'artillerie à pied en tenue de campagne.

Armement : sabre de cavalerie légère (hommes montés), 1 mousqueton et ficelle de nettoyage (1 nécessaire d'armes pour 6 hommes).

Campement : 2 sachets à pain de guerre, 1 sachet individuel pour vivre de réserve (artillerie à pied et de montagne).

1 gamelle de campement pour 3 hommes, 1 étui de courroie de gamelle de campement (artillerie de campagne).

1 marmite de campement, 1 étui et 1 courroie de marmite de campement (1 pour 4 hommes).

1 moulin à café pour 15 hommes.

1 sac à distribution (pour 20 hommes) et 1 pour 8 hommes (artillerie à pied).

1 seau en toile pour 2 hommes montés ou conducteurs, 1 pour 4 hommes non montés.

1 hachette de campement pour 8 hommes (sauf pour les batteries et sections de 75).

1 petite couverture de campement, par homme non pourvu de cheval. Toile de tente-abri modèle 1879 et cordeau de tirage (1 par homme), petits piquets (2 par homme).

Divers : 1 bâton ferré (artillerie alpine).

1 couteau à ouvrir les boîtes de conserve (chefs de pièce).

Effets emportés pour les animaux.

Par cheval ou mulet :

1 harnachement de selle, d'attelage ou de bât (1);

1 couverture;

1 surfaix de couverture;

1 musette-mangeoire (4 fers et 40 clous);

32 crampons à glace.

---

(1) Dans les *harnachements de selle,* la *selle* porte une paire de sacoches complète, deux courroies de paquetage de 82 centimètres dites de *bout de manteau,* un porte-sabre et, en outre, dans les unités d'artillerie de montagne seulement, une croupière.

Dans les *harnachements d'attelage à la Daumont,* la *selle* porte une paire de sacoches complète et deux courroies de paquetage de 82 centimètres dites de *bout de manteau.* La *sellette* ne comporte aucun accessoire mobile, mais elle est munie de deux courroies de brêlage de sacoche, cousues à demeure, qui permettent de fixer les sacoches à la sellette chaque fois que la chose est possible.

La *paire de sacoches complète* comprend : 1 courroie de *pommeau,* 2 courroies d'*intérieur de sacoches* et 2 courroies de paquetage de 82 centimètres dites *de charge.*

Les *harnachements d'attelage en guides* comportent *1 fouet* par attelage.

Les *mulets nus* ne sont dotés que d'un harnachement réduit comprenant : *1 bridon, 1 licol, 1 longe* (en chaîne ou en corde), *1 couverture* avec son *surfaix* et *1 musette-mangeoire.*

Les chevaux des *attelages haut le pied conduits à la Daumont* peuvent, dans certaines unités, ne recevoir que le même harnachement réduit. Le porteur reçoit en plus *1 selle* avec sacoches.

Confection des paquetages pour les diverses catégories d'artilleurs.

A. — *Homme monté pourvu d'un cheval de selle.*

1° *Garnir le sac d'homme monté.*

4. Premier cas : *L'homme dispose d'un sac d'homme monté du type régulier, divisé en deux compartiments par une cloison intérieure.*

Dans le petit compartiment, placer la *paire de brodequins*, introduire dans l'un d'eux le *morceau de savon* et la *trousse garnie* dans laquelle on place les *lacets de rechange* et la *clef à crampons ;* dans l'autre, les *effets de petite monture* (brosses et boîte à graisse), des chiffons pour les armes, et, le cas échéant, le *nécessaire d'armes*. Rabattre les quartiers sur les semelles, disposer les deux brodequins les dessus l'un contre l'autre, les talons opposés (1).

Rouler le *bourgeron* et le *pantalon de treillis* en un rouleau de 25 centimètres (2).

Rouler le *mouchoir* et le *caleçon* dans la *chemise* en un deuxième rouleau de même longueur.

Le sac étant vertical, la patelette ouverte et rabattue, introduire ces deux rouleaux côte à côte dans le grand compartiment, verticalement. Puis engager le *bonnet de police* entre l'une des parois du sac et les deux rouleaux (3).

A plat au-dessus des rouleaux la *serviette* pliée, et achever de remplir celui-ci avec le *sac à avoine* roulé, si ce sac est libre.

Le *livret individuel* dans la poche de la patelette.

5. Deuxième cas. — *L'homme dispose d'un sac d'homme monté sans cloison intérieure, provenant de la transformation des anciens bissacs.*

Placer la paire de *brodequins* dans le sac, une semelle contre le fond (n° 65), en y introduisant le *morceau de savon*, la *trousse garnie* avec les *lacets de rechange* et la *clef à crampons ;* — les *effets de petite monture*, le *nécessaire d'armes* s'il y a lieu, et les chiffons (4).

---

(1) Dans les *batteries à cheval*, les hommes n'ayant pas de brodequins de rechange, placent tous ces objets dans un chiffon; le paquet ainsi formé et ficelé est placé seul dans le petit compartiment du sac.

(2) Dans les *unités alpines*, les hommes ne possèdent pas de bourgeron. Ils forment le rouleau avec le pantalon de treillis ou avec le jersey et le pantalon de treillis.

(3) Sauf dans les *unités alpines* où les hommes ne reçoivent pas de bonnet de police.

(4) Dans les *batteries à cheval*, les hommes n'ayant pas de brodequins de rechange, placent tous ces objets dans un chiffon, et ce paquet, ficelé, est placé au fond du sac.

Mettre dans la *chemise*, en formant un paquet plat de 35 centimètres, le ***livret individuel***, le ***mouchoir*** et le ***caleçon***, et placer ce paquet à plat sur les brodequins.

Puis empiler dans le sac, l'un au-dessus de l'autre, le *bourgeron* (1), le *pantalon de treillis*, le *sac à avoine*, s'il est libre, et la *serviette* pliés en rectangle de 30 centimètres sur 20 centimètres. Au-dessus de la serviette, placer le *bonnet de police* (2).

2° *Garnir les sacoches.*

Les sacoches ne doivent être garnies qu'après avoir été fixées sur la selle.

Dans la sacoche gauche. — Y placer les effets dont on ne fait pas usage dès l'arrivée au cantonnement, dans l'ordre suivant :

Au fond de la sacoche, contre le chapelet, placer *2 sachets à pain de guerre* (3) garnis (4) ; à côté, la *corde à fourrage* roulée (5).

Au-dessus, disposer le *surfaix* de couverture, et, le cas échéant, les *vivres individuels de réserve* (6) avec, pour les chefs de pièce, le *couteau à ouvrir les boîtes de conserves.*

Sur le tout, placer la *gamelle individuelle*, avec le pain du repas du soir.

Dans la sacoche droite. — Y placer les effets utiles en route ou dont on fait de suite usage au cantonnement, dans l'ordre suivant :

Au fond de la sacoche, la *musette de pansage*, l'*étrille* et la *brosse en soie* appliquées l'une sur l'autre, le *torchon-serviette*, les *brides et sous-pieds d'éperons de rechange* et, pour les sous-officiers, les *ciseaux de pansage*.

---

(1) Dans les *unités alpines*, le bourgeron n'existe pas. Il est remplacé par le *jersey*.

(2) Sauf dans les *unités alpines*.

(3) Un seul sachet pour le personnel des groupes à cheval attachés aux divisions de cavalerie.

(4) Pour *garnir un sachet à pain de guerre*, mettre 6 galettes dans chaque sachet; à cet effet, former au fond du sachet une première rangée de 3 galettes placée de champ l'une contre l'autre; disposer au-dessus et de la même façon une seconde rangée de 3 galettes, mais à angle droit sur la première. Fermer le sachet au moyen de la ligature.

(5) Rouler la corde à fourrage sur la main et le coude, puis la fixer en son milieu par deux demi-clefs. Pour la placer dans la sacoche, la plier encore en deux.

(6) Dans l'*artillerie de montagne* seulement. Ces vivres individuels comprennent, pour les hommes des unités de France, *deux boîtes individuelles de viande de conserve* de 300 grammes et un *sachet individuel pour vivres de réserve* renfermant d'un côté 2 rations de sucre cristallisé, et, de l'autre, 2 tablettes de café et 2 tablettes de potage salé.

Au-dessus, introduire successivement la *longe en chaîne*, la *musette-mangeoire* (1) et l'*éponge*.

Chargement éventuel complémentaire des sacoches.

6. 1° *Sacoche gauche*. — Les hommes détenteurs d'une *cisaille* portent celle-ci, dans son étui, à l'extérieur et en avant de la sacoche gauche (2).

Dans l'artillerie de montagne (3), les hommes pourvus d'un cheval de selle portent, à l'extérieur et en avant de la sacoche gauche, les *petits piquets*, le *cordeau de tirage* et, le cas échéant, les deux *éléments de support brisé de tente-abri* (4).

Un paquet est formé avec ces accessoires de tente.

2° *Sacoche droite*. — Les hommes montés qui ont un *seau en toile* (5) placent celui-ci à plat sur la sacoche droite, le fond tourné à l'extérieur.

3° *Sac à avoine*. — Dans l'*artillerie de montagne*, tous les hommes montés et, dans l'*artillerie de campagne*, ceux que leur service retient en général loin de leur unité (*agents de liaison, éclaireurs, plantons à cheval, vaguemestre*, etc.), après avoir enfermé les 2 kilos d'avoine de route de leur cheval dans leur sac à avoine, fixent celui-ci en avant des sacoches (6).

3° *Fixer la charge de derrière de la selle.*

Le manteau sur la selle. — Le *manteau*, roulé, est placé sur les pointes de la selle, le milieu dans l'axe du troussequin, la fente du rouleau en arrière.

Le manteau fixé aura ses extrémités légèrement inclinées vers l'avant.

---

(1) Dans l'*artillerie de campagne*, les hommes pourvus d'un cheval de selle qui marchent avec des voitures attelées en guides ne placent pas la musette-mangeoire dans la sacoche, mais l'utilisent pour les 2 kilos d'avoine de route.

(2) Pour se servir de la cisaille, la retirer de son étui en laissant ce dernier fixé à la sacoche.

(3) Dans l'*artillerie de campagne*, les accessoires de tente-abri sont toujours chargés sur les voitures.

(4) Dans les *unités alpines*, les hommes ne recevant pas de supports brisés, le cordeau de tirage n'enserre que les petits piquets sous les tenons.

(5) Les effets de campement, sauf les seaux en toile, ne sont qu'exceptionnellement remis en consigne à des hommes montés pourvus d'un cheval ou d'un attelage.

(6) Dans l'*artillerie de campagne*, les hommes qui doivent ainsi transporter l'avoine de route de leur cheval peuvent l'enfermer simplement dans la musette-mangeoire et placer celle-ci à l'intérieur de la sacoche droite.

Dans l'*artillerie de montagne* (1), les hommes montés portent sur les pointes d'arçon de la selle, et sous le manteau, la *toile de tente-abri* pliée :

Faire de la toile un portefeuille de 20 centimètres et le paquet, placé sur les pointes d'arçon, sous le manteau, est pris avec ce dernier dans les deux courroies de manteau.

Fixer le sabre à la selle. — Le *sabre*, muni de sa *dragonne* et de la gaine de fourreau cachou, est suspendu au porte-sabre en avant.

Le sabre n'est fixé à la selle qu'une fois le cheval sellé. Il doit passer sous le manteau, la garde sortant entre celui-ci et la partie arrière du quartier de la selle (2).

On enlève toujours le sabre avant de desseller.

Dans les *unités alpines*, les hommes munis d'un cheval de selle suspendent leur *bâton ferré* à la courroie de porte-sabre (3).

Fixer la sacoche de maréchal ferrant. — Le maréchal ferrant monté accroche au crampon de croupière le crochet central de la courroie de suspension de sa sacoche; des extrémités de cette courroie seront ramenées entre le manteau et la pointe d'arçon de droite.

4° *Dispositions éventuelles.*

Lorsque l'homme porte le manteau, les deux courroies le manteau et les deux courroies de paquetage sont déposées dans la sacoche droite, sous la musette-mangeoire (3).

Lorsque l'homme porte le manteau en sautoir, les deux courroies de paquetage sont déposées dans la sacoche droite (4).

Lorsque l'homme porte le bourgeron au lieu de la veste en drap, cette dernière, convenablement pliée, remplace dans le sac d'homme monté le bourgeron et le pantalon de treillis. Celui-ci, s'il ne peut tenir dans le sac, est alors placé à plat sous la patelette.

Le sac à avoine peut être utilisé pour transporter de l'avoine, sur le cheval ou sur les voitures. De même, la *musette-mangeoire*.

---

(1) Dans l'*artillerie de campagne*, les toiles de tente-abri sont toujours chargées sur les voitures.

(2) Comme il est impossible, sans gêner le cavalier et risquer de le blesser, de relever suffisamment la garde du sabre pour qu'elle ne touche plus le manteau, les corps sont autorisés à protéger le manteau, dans la région où il frotte sur le sabre, par une demi-guêtre en drap de même nuance, fixée d'un côté sous la courroie de bout de manteau et maintenue de l'autre par un lacet de même nuance que le drap.

(3) Percer au besoin un trou supplémentaire à l'extrémité libre du contre-sanglon.

(4) Les courroies de paquetage sont placées au troussequin, s'il y a lieu, pour maintenir la toile de tente.

B. — Homme monté pourvu d'un attelage à la Daumont.

1° *Garnir le sac d'homme monté.*

7. Comme pour l'homme monté avec un cheval de selle.

2° *Garnir les sacoches.*

En principe, les sacoches sont portées par le sous-verge (1). Elles peuvent n'être fixées sur la sellette qu'après avoir été garnies.

Elles sont garnies comme pour l'homme monté avec un cheval de selle.

Dans la sacoche gauche. — En outre, on y place *deux surfaix,* et on n'y place jamais de vivres individuels de réserve.

Dans la sacoche droite. — En outre, on y place *deux longes en chaîne et deux musettes-mangeoires.*

1° *Chargement éventuel extérieur des sacoches. — Sacoche droite.*

2° *Fixer la charge de derrière de la selle.*

Fixer le manteau sur la selle.

3° *Dispositions éventuelles.*

Comme pour l'homme monté avec un cheval de selle pour ces trois cas.

C. — Homme monté pourvu d'un attelage en guides.

1° *Garnir le sac d'homme monté.*

8. Comme pour l'homme monté pourvu d'un cheval de selle, sans y mettre le *sac à avoine.*

2° *Garnir le sac à avoine.*

Enfermer dans le sac à avoine les effets que les conducteurs à la Daumont placent dans les sacoches, c'est-à-dire :

2 sachets à pain de guerre, garnis (2);

La *corde à fourrage ;*

Les *surfaix,* sauf un, s'il y a lieu;

---

(1) Toutefois, si, pour éviter l'aggravation de blessures, ordre est donné d'enlever la sellette ou de diminuer la charge du sous-verge, les sacoches sont fixées sur le devant de la selle du porteur, comme pour le cheval de selle (n° 47).

(2) Un seul sachet pour le personnel des groupes à cheval attachés aux divisions de cavalerie.

La *musette de pansage* renfermant :
L'*étrille* et la *brosse en soie;*
Le *torchon-serviette* entourant l'*éponge ;*
Le *seau en toile* si l'homme en possède un;
Les *brides et sous-pieds d'éperons de rechange ;*
Les *longes en chaîne* des chevaux de l'attelage;
La *gamelle individuelle* avec le pain du repas du soir;
Les *musettes-mangeoires,* chaque musette contenant *2 kilos d'avoine* (1).

Le sac à avoine ainsi garni est solidement ficelé à environ deux travers de main de son ouverture.

3° *Préparer le manteau.*

Les hommes montés pourvus d'un attelage en guides roulent toujours leur *manteau* comme pour le porter en sautoir, mais ils le déposent sur la voiture qu'ils conduisent.

4° *Préparer le ballot des couvertures.*

Les conducteurs en guides plient les *couvertures* de leurs chevaux en deux, liteaux contre liteaux, les roulent en un seul ballot et les attachent avec un *surfaix.*

Toutefois, les chevaux des attelages à un portent leur couverture sous la sellette; maintenir une couverture sous le panneau de porteur (2) lorsque le harnachement en comporte un.

5° *Préparer les ferrures.*

Les conducteurs en guides forment un paquet avec les ferrures des chevaux de leur attelage et des chevaux de selle rattachés à leur voiture.

6° *Dispositions éventuelles.*

Lorsque l'homme porte le manteau, les deux courroies de manteau sont placées dans le sac à avoine.

Lorsque l'homme porte le bourgeron au lieu de la veste en drap, cette dernière, convenablement pliée, remplace dans le sac d'homme monté le bourgeron et le pantalon de treillis. Celui-ci occupe la place disponible par suite de l'absence du sac à avoine.

(1) Avoine de réserve pour les unités attachées aux divisions de cavalerie; avoine de route prélevée sur l'avoine du jour dans les autres unités.

(2) En principe, les courroies de paquetage des panneaux de porteur restent sans emploi. Elles sont roulées aussi serré que possible; les deux courroies postérieures maintiennent les étriers relevés.

D. — **Homme monté ou non monté muni d'un havresac.**

1° *Garnir le havresac.*

9. Le havresac étant à plat et ouvert, y placer les effets dans l'ordre :

A plat, sur le fond du havresac, de manière à former une sorte de matelas :

Le *mouchoir,* plié en quatre;

La *chemise,* pliée, couvre la surface intérieure du sac et est placée le dos en dessus.

Contre le bas du sac :

Les *deux sachets à pain de guerre* garnis (1), disposés ligature contre ligature;

Le *caleçon,* roulé de la largeur du sac, placé au-dessus du pain de guerre.

Contre le haut du sac :

Les *brodequins* (2) disposés les dessus l'un contre l'autre, les talons opposés, les quartiers rabattus sur les semelles, et renfermant, l'un : le *morceau de savon* et la *trousse garnie* dans laquelle on place *les lacets de rechange,* et, s'il y a lieu, la *clef à crampons* (3) et la *ficelle pour le nettoyage de l'arme* (4); l'autre : les *effets de petite monture* (brosses (5) et boîte à graisse), des chiffons pour le nettoyage de l'arme et le cas échéant, le *nécessaire d'armes* que l'homme a en consigne (6).

Dans l'espace disponible :

Le *pantalon de treillis,* roulé de la largeur du sac;

Les *courroies de manteau* ou, pour les vélocipédistes, la *courroie de sautoir ;*

Pour les chefs de pièce, le *couteau à ouvrir les boîtes de conserves ;*

---

(1) Un seul sachet pour le personnel des groupes à cheval attachés aux divisions de cavalerie. — Pour la manière de garnir les sachets, voir note 4, page 92.

(2) Brodequins légers en toile cachou pour les hommes non montés.

(3) Ordonnances des officiers montés, conducteurs de mulets (de bât ou en guides) et sous-officiers non montés de l'artillerie de montagne.

(4) Hommes armés du mousqueton.

(5) La brosse à habit enveloppée, le cas échéant, dans des chiffons propres.

(6) Dans les *batteries à cheval,* les hommes, n'ayant pas de brodequins de rechange, placent tous ces objets dans un chiffon, de manière à former un paquet allongé qui, convenablement ficelé, est placé contre le bas du sac, à la place du second sachet à pain de guerre.

Et, dans l'*artillerie à pied* et l'*artillerie de montagne*, les *vivres individuels de réserve* (1).

A plat, au-dessus du pantalon de treillis et du caleçon, la *serviette* pliée, et, au-dessus des brodequins, le *bonnet de police* (2).

Sur le sac fermé, étendre, le plus haut possible, le *bourgeron-blouse* (3) plié en carré.

Dans la poche de la patelette, introduire :

Le *livret individuel* ;

Les *brides et sous-pieds d'éperons de rechange* (hommes montés);

La *cravate* (vélocipédistes).

Placer ensuite le sac verticalement dans la position qu'il occuperait sur le dos de l'homme, déboucler les courroies de charge préalablement mises en place (4) et procéder au chargement extérieur du havresac.

Fixer à plat sur le dessus du havresac la *capote* ou le *manteau* (5) :

Rouler le vêtement, puis le replier sur lui-même en trois, le bord libre du portefeuille à l'extérieur de chaque pli, pour former une spirale à spires aplaties. Placer ensuite l'effet ainsi préparé à plat sur le dessus du havresac, le gros pli à gauche, l'ouverture du portefeuille tournée vers le bas, et le fixer avec les deux courroie supérieures de capote

---

(1) Pour les unités de France, *2 boîtes individuelles de viande de conserve*, de 300 grammes, et *1 sachet individuel pour vivres de réserve* contenant d'un côté 2 rations de sucre cristallisé et de l'autre 2 tablettes de café et 2 tablettes de potage salé.

(2) Sauf dans les *unités alpines* où les hommes ne reçoivent pas de bonnet de police.

(3) Dans les *batteries à cheval*, le bourgeron, roulé de la largeur du sac, est placé contre le haut de celui-ci, à la place des brodequins; dans les *unités alpines*, le bourgeron qui n'est pas emporté, est remplacé par le *jersey* lorsque l'homme ne porte pas cet effet.

(4) Pour mettre en place, s'il y a lieu, les courroies de charge du havresac, opérer comme il suit :

Engager les *courroies supérieures de capote* d'avant en arrière, la chair en dessus, dans les passes latérales du dessus du sac;

Engager de même la *grande courroie de charge* dans les chapes métalliques du dessus du sac, la passer de haut en bas dans la chape qui est au bas de la patelette, puis une deuxième fois, de bas en haut, dans la chape qui est en haut de la patelette.

(5) Les *vélocipédistes* portent normalement leur *collet-manteau* sur le guidon de leur machine, roulé à une longueur un peu inférieure à la largeur de ce guidon. Les deux pattes d'épaules, boutonnées à des boutons spéciaux et passées sur le guidon, supportent le collet en le maintenant convenablement roulé.

que l'on serre fortement en amenant la boucle sur le milieu du vêtement; rouler les extrémités libres de ces courroies.

Au-dessus de la capote ou du manteau (1) et à l'aplomb du milieu du sac, placer la *gamelle individuelle*, le couvercle en dessus et la chaînette en avant, après y avoir enfermé le *pain* destiné au repas du soir. La maintenir avec le bout libre de la grande courroie de charge.

Le cas échéant, le chargement extérieur du havresac est complété de la manière suivante :

Dans l'*artillerie de montagne* et dans l'*artillerie à pied*, lorsque les hommes sont pourvus de la tente-abri (2), ils placent directement sur le dessus du sac, sous la capote, la *toile de tente* pliée.

Les *hommes pourvus d'effets de pansage*, autres que les conducteurs de mulets bâtés (3), préparent ces effets pour les charger sur le havresac :

Replier la partie inférieure de la *musette de pansage* sur une hauteur de 15 centimètres environ, contre le pli ainsi formé, introduire la *brosse en soie* et l'*étrille* piquées l'une sur l'autre, puis à côté l'*éponge* enveloppée dans le *torchon-serviette* plié en quatre parallèlement à sa longueur, fermer ensuite la musette.

Introduire au fond du *sac à avoine* étendu à plat, le long d'une de ses coutures latérales, la *musette de pansage* préparée, et contre celle-ci la *corde à fourrage* roulée entre le coude et la main, puis fermer le sac à avoine.

Placer le sac à avoine à plat sur le dessus du havresac (ou au-dessus de la toile de tente si l'homme en possède une) sous la capote (ou le manteau).

Les *conducteurs de mulets bâtés* placent, entre la toile de tente et la capote, le *sac à avoine* vide (4) plié.

Dans l'*artillerie de campagne* et dans l'*artillerie à pied* (5), les hommes pourvus d'une *petite couverture de campement* préparent celle-ci en accordéon :

Elle est ensuite chargée à plat sur la capote (ou le manteau); puis, la gamelle individuelle est fixée comme il est dit.

---

(1) Directement sur le dessus du havresac pour les vélocipédistes.

(2) Dans l'*artillerie de campagne*, on forme toujours les ballots collectifs avec les toiles de tente-abri et leurs accessoires (nº 97).

(3) Hommes montés non pourvus d'un cheval ou d'un attelage (sauf les ordonnances des officiers d'administration non montés); hommes non montés d'ordonnances d'officiers montés, conducteurs en guides et conducteurs de mulets nus dans l'artillerie de montagne.

(4) La musette de pansage renfermant les effets de pansage, la corde à fourrage et le surfaix est accrochée au bât du mulet, en arrière et à droite.

(5) Dans l'*artillerie de montagne*, les couvertures de campement sont en principe chargées sur les mulets.

Dans l'*artillerie de montagne* et dans l'*artillerie à pied*, les hommes pourvus de la tente-abri préparent les *petits piquets*, le *cordeau de tirage* et, s'il y a lieu, les deux *éléments de support brisé de tente-abri*, puis les fixent en arrière et à gauche du havresac.

Dans les *unités alpines*, les hommes non montés placent le *bâton ferré* en avant et contre les petits piquets, le bout pointu arasant le bas du havresac, le bec recourbé tourné en avant. Le bâton est maintenu par les mêmes courroies que les petits piquets.

Transport des ustensiles collectifs de campement. — Ils sont chargés sur les havresacs :

1° Dans toutes les unités :

10. *Sac à distribution.* — Le sac à distribution, plié aux dimensions convenables, est placé sous la patelette du havresac.

Moulin à café. — On place dans l'étui-musette le pain qui, normalement, devrait être enfermé dans la gamelle individuelle qui est placée sur le haut du chargement du havresac. Le moulin à café fermé, contenant sa manivelle, est introduit dans la gamelle (1), le couvercle en dessus.

Hachette. — La hachette est placée en arrière du havresac, le fer à droite, le manche maintenu horizontalement le long du bord supérieur du sac.

2° Dans les unités d'artillerie de montagne ou d'artillerie à pied seulement (2) :

Marmite de campement. — Placer la marmite sur le milieu de la patelette, la concavité tournée du côté du sac, le couvercle en haut, et fixer la gamelle individuelle.

Gamelle de campement et seau en toile. — Placer le seau en toile dans la gamelle, le croisillon en dessus.

Seau en toile. — Poser le seau à plat sur la patelette, le fond à l'opposé du sac.

Lanterne. — Elle est placée sur la patelette et sous la courroie de charge, et fixée de manière à ne pouvoir glisser latéralement.

2° *Préparer le ballot des tentes-abris.*

Dans l'*artillerie de campagne* on réunit plusieurs toiles de *tentes-abris* et les accessoires qui les accompagnent pour former des ballots qui sont chargés sur les voitures.

Le ballot ainsi obtenu a environ 70 centimètres de long.

---

(1) Au besoin, caler le moulin à café dans la gamelle avec quelques chiffons propres.

(2) Dans l'*artillerie de campagne*, les marmites, gamelles, seaux en toile et lanternes sont chargés directement sur les voitures.

3° *Dispositions éventuelles.*

Lorsque l'homme porte la capote (ou le manteau), la gamelle reste fixée, mais repose soit directement sur le dessus du sac, soit sur les effets qui surmontent celui-ci.

Lorsque l'homme porte la capote (ou le manteau ou le collet-manteau) en sautoir, le havresac ne contient ni courroie de manteau, ni courroie de sautoir. Le bâton ferré est pris à la main; les accessoires de tente-abri sont fixés par les deux courroies supérieures de capote, contre le haut du havresac.

Lorsque l'homme porte le pantalon de treillis, il place dans son havresac son pantalon de drap (ou sa culotte) plié.

Lorsque l'homme porte le bourgeron, il place à plat, sous la patelette de son havresac, sa veste en drap pliée, la doublure à l'extérieur.

Lorsque le sac à avoine est utilisé pour transporter de l'avoine ou d'autres effets, la corde à fourrage, roulée à la longueur voulue, est enfermée dans la musette de pansage, placée seule sous la capote ou le manteau.

Dans l'*artillerie de montagne,* on décharge fréquemment les hommes de la majeure partie du chargement extérieur du havresac.

La *capote,* la *toile de tente,* les *accessoires de tente-abri* et, s'il y a lieu, le *sac à avoine,* préparés, sont liés avec les deux *courroies de manteau.* Les paquets ainsi préparés sont placés, en général par quatre, en surcharge sur certains mulets, soit directement, soit enfermés dans des sacs à avoine disponibles.

Le *bâton ferré* est alors pris à la main.

La *gamelle* et les *ustensiles de campement* restent fixés au havresac.

Les *conducteurs de fourgons de l'artillerie de montagne* garnissent leur havresac comme il est prescrit, sans y placer leur *sac à avoine.*

Dans celui-ci ils chargent :

Les *longes en chaînes ;*

Les *surfaix,* sauf un destiné à maintenir le rouleau des couvertures;

Les *couvertures,* préparées comme il est dit à la page 96;

Les *musettes-mangeoires* contenant *2 kilos d'avoine de route* pour tous les animaux de leur attelage. Le sac à avoine est ensuite solidement ficelé à environ deux travers de main de son ouverture.

Les *ordonnances des officiers pourvus de plusieurs chevaux* enferment dans leur sac à avoine tous les effets attribués aux chevaux non montés par leur officier et qui ne peuvent être portés par les chevaux eux-mêmes.

E. — ***Homme non monté muni d'un sac en toile cachou*** (1).

1° *Garnir le sac en toile cachou.*

11. Étendre la *toile de tente* et replier d'environ 45 centimètres les deux côtés parallèles à la couture médiane; marquer fortement les deux plis qui seront ainsi distants de 70 centimètres, puis étendre de nouveau la toile de tente.

Au milieu de la toile, poser la *capote* roulée comme pour la fixer sur le havresac, maintenue roulée par les deux *courroies de manteau.*

A la suite de la capote, placer l'un sur l'autre : le *mouchoir*, le *caleçon*, la *chemise*, la *serviette*, le *pantalon de treillis* et, s'il y a lieu, le *bourgeron blouse* ou le *jersey* pliés à la largeur de la capote.

Par-dessus les effets disposés ainsi, mettre les *brodequins* légers en toile cachou préparés comme pour être chargés dans le havresac, les *sachets à pain de guerre* et les *vivres inviduels de réserve*, les *accessoires de tente-abri* et, s'il y a lieu, le *bonnet de police* (2), les *ciseaux de pansage* (3), le *couteau à ouvrir les boîtes de conserves* (4) ou le *sac à avoine*(5) préparé comme pour être chargé sur le havresac.

Replier ensuite la toile de tente, perpendiculairement à la couture médiane, sur ce chargement, et rabattre les deux extrémités libres.

Mettre le *livret individuel* dans la poche intérieure du sac, puis engager dans le sac le rouleau préparé dans la toile de tente, en ayant soin de placer l'ouverture de la toile du côté opposé à l'ouverture du sac.

Boucler les cinq contre-sanglons de fermeture du sac par-dessus le *bâton ferré*, si celui-ci n'est pas porté à la main.

Sur le flanc opposé à la poche intérieure, fixer la *gamelle individuelle* contenant le pain destiné au repas du soir, son couvercle appliqué contre le sac, en passant la courroie porte-gamelle dans les deux anses et sur le fond de la gamelle.

2° *Dispositions éventuelles.*

Lorsque l'homme porte le manteau, sur lui ou en sautoir, les courroies de manteau seules sont placées dans le sac, s'il y a lieu.

Lorsque l'homme porte le bourgeron (6) *ou le pantalon de treillis*, les effets de drap sont substitués dans le sac à ces effets de toile.

---

(1) Sous-officiers non montés, infirmiers et ordonnances d'officiers dans l'*artillerie de montagne.*
(2) Unités d'*Afrique.*
(3) Sous-officiers.
(4) Chef de pièce.
(5) Ordonnances d'officiers.
(6) Batteries de montagne d'*Afrique.*

F. — Homme momentanément isolé.

12. Lorsqu'un homme se trouve momentanément séparé de son unité, il emporte avec lui tout son paquetage et, s'il y a lieu, les effets affectés à ses chevaux, y compris leur ferrure et leur avoine de route.

Toutefois, les vivres et fourrage de réserve qui ne sont pas répartis en permanence ne sont pas emportés.

CHAPITRE XIII

SERVICE EN CAMPAGNE — ORIENTATION INDICES — COMBAT — LIAISON — MOBILISATION

I. — Marches.

Reconnaissances et sécurité.

13. La sécurité de l'artillerie en marche résulte, en principe, de la présence des autres armes. Mais dans le cas où l'artillerie se trouve momentanément isolée, elle doit pourvoir elle-même à sa sécurité immédiate.

Elle fait alors éclairer sa marche et garder ses flancs par des éclaireurs.

Les éclaireurs doivent posséder des qualités spéciales d'intelligence, de coup d'œil et de décision. Ils doivent être cavaliers hardis et bien montés.

Ils reçoivent une instruction particulière dans le groupe.

Le service des éclaireurs comprend la reconnaissance et le jalonnement d'un itinéraire et la protection immédiate des batteries en marche ou en station.

14. *Devoir du canonnier dans une mission spéciale.* — Le canonnier doit avant tout bien comprendre la mission qu'il a à remplir, le but à atteindre; si les explications qu'on lui a données ne suffisent pas, il ne doit pas hésiter à en demander d'autres à son chef.

Il répète ensuite les ordres reçus.

Une fois qu'il a bien compris la nature des renseignements à rapporter ou le but à atteindre, toute initiative lui appartient pour accomplir sa mission.

Le canonnier isolé ou dans un petit groupe a besoin d'être toujours observateur, qu'il soit en vedette, qu'il soit éclaireur, qu'il soit en patrouille ou même en estafette, le canonnier doit observer tout ce qu'il voit et tout ce qu'il rencontre, recueillir tout ce qu'il entend et se le graver dans la mémoire.

15. Les éclaireurs ont souvent avantage à opérer par patrouille de deux ou trois hommes; un ou deux sont chargés de reconnaître et d'observer pendant que l'autre assure la liaison avec le commandant des éclaireurs, soit à l'aide de signaux convenus, soit verbalement.

Ils doivent rester à cheval, ils se déplacent par bonds successifs.

Le rôle des éclaireurs n'est pas de combattre, mais de renseigner.

Le canonnier fait à son retour un compte rendu verbal, précis et exact. Il communique ensuite les renseignements qu'il a pris par écrit au cours de sa route, mais il doit toujours avoir soin de distinguer ce qu'il a vu par lui-même de ce qu'il a recueilli par renseignements.

Dans ce cas, il doit mentionner la source d'où proviennent ces renseignements.

Un rapport doit répondre toujours aux quatre questions suivantes : *Qui? Quand? Où? Comment et combien?*

Après l'accomplissement d'une mission spéciale, même la plus petite, qui lui a été donnée au cours d'une manœuvre pour transmettre un ordre, le canonnier revient près de son chef et lui dit : « Ordre transmis ou ordre exécuté »; s'il y a lieu, il signale les incidents.

Exécution des marches.

16. Les voitures marchent en une seule file, sur le côté droit de la route, en laissant le côté gauche libre pour la circulation.

Dans des cas particuliers, on peut marcher en colonne par pièce doublée.

Les voitures conservent au moins 1 mètre de distance.

Toute colonne de plus de 10 à 12 voitures doit être fractionnée.

L'allure doit être rigoureusement réglée pour éviter les à-coups, chacun doit marcher à sa distance et à sa place exacte.

Les conducteurs d'une même voiture doivent s'efforcer de faire concorder les efforts de leurs attelages de manière à assurer, à toutes les allures, la traction régulière de la voiture dans une direction déterminée.

Tous les conducteurs et les cavaliers doivent se tenir correctement et d'aplomb sur leurs chevaux, afin d'éviter les blessures par le harnachement.

17. *Haltes.* — La colonne se range sur le côté droit, les chevaux de selle dans les intervalles font face à gauche.

Les servants descendent des coffres. On met pied à terre, on décroche les gourmettes, on abat les servantes, on dérêne les sous-verge, on visite les pieds des chevaux; les roues sont calées si la route est en pente. Le harnachement, le paquetage et le chargement des voitures sont remis en ordre, s'il y a lieu; les gradés y veillent et vérifient particulièrement l'ajustage du harnachement.

Les hommes à pied se forment en bataille, sans commandement, face à gauche de la route; ceux qui sont armés du mousqueton forment les faisceaux le long du bord. Lorsqu'on reprend la marche, les faisceaux sont rompus, puis l'ordre en colonne est repris sans commandement.

Il est défendu de faire aucun cri de halte ou de marche de s'arrêter individuellement aux ruisseaux et aux fontaines, de quitter les rangs pendant la traversée des villages.

Si un canonnier, en route, a un besoin pressant de s'arrêter, il demande l'autorisation à son chef de pièce : si c'est un servant, il remet son mousqueton à son voisin; on rejoint le plus rapidement possible.

En campagne, les troupes ne rendent d'honneurs ni pendant les marches, ni pendant les haltes.

18. La vitesse normale de marche d'une colonne d'artillerie est pour l'artillerie isolée de 8 kilomètres à l'heure (pas et trot alternés) pour les batteries montées, et de 9 kilomètres à l'heure pour les batteries à cheval; dans une colonne où il y a de l'infanterie, elle est de 4 kilomètres à l'heure, haltes horaires comprises.

Marche de l'artillerie à pied. — Lorsque l'artillerie à pied a à se déplacer, elle marche par quatre comme l'infanterie. Aux haltes, on forme les faisceaux, on met sac à terre, on se repose bien, mais à sa place au bord de la route, la chaussée doit rester libre.

On conserve le silence en route, en manœuvre et près de l'ennemi; mais, dans les marches ordinaires, loin de l'ennemi, si cette latitude est accordée, il est bon d'avoir de la gaieté et de chanter quelques bons refrains qui font oublier les kilomètres.

Dans les marches de nuit, en général, on ne marche qu'au pas, on ne cause pas, on ne fume pas et on a un soin particulier à ne pas s'endormir; à ce sujet, chacun veille sur les camarades.

II. — Stationnements.

19. *Cantonnement.* — C'est l'installation des troupes dans les lieux habités; elles sont plus ou moins serrées selon l'effectif à cantonner.

Cantonnement d'alerte, bivouac et camp. — Tout près de l'ennemi on n'occupe que le rez-de-chaussée, les canonniers couchent tout habillés à côté de leurs chevaux qui peuvent rester garnis et bridés s'il y a urgence. On conduit les chevaux par fractions à l'abreuvoir et on les fait manger par moitié.

Les locaux et même les rues restent éclairés pendant la nuit. C'est le cantonnement d'alerte.

Les troupes installées en plein air ou sous des abris provisoires sont en bivouac.

Les troupes installées sous la tente ou dans des baraques forment un camp.

20. Le cantonnement est reconnu et préparé par le campement, qui comprend : pour un groupe de batteries un officier, un adjudant et un homme monté, puis en plus par unité un fourrier, un brigadier et deux hommes.

Installation dans un cantonnement. — Les hommes occupent les habitations, les granges, les greniers.

Les chevaux sont autant que possible abrités; à défaut de tout abri, on les installe en plein air.

Les voitures et les pièces forment un parc, en dehors des habitations, du côté le moins menacé.

Le canonnier doit :

S'installer rapidement dans son cantonnement, prendre toutes précautions voulues pour mettre son cheval dans les meilleures conditions suivant l'installation. Revêtir la tenue prescrite; nettoyer et sécher les effets et les chaussures qu'il avait mis pour la marche. S'occuper de sa propreté corporelle; donner les soins aux chevaux et au harnachement;

Entretenir avec le plus grand soin ses armes et ses cartouches. Conserver scrupuleusement ses vivres de réserve jusqu'au jour où l'ordre sera donné de les consommer;

Prendre chaque repas à l'heure indiquée et conserver pour le repas suivant ce qui est prescrit;

Bien se reposer au cantonnement et dormir jusqu'au réveil; les camarades veillent aux avant-postes.

Le canonnier doit vivre en bonne intelligence avec ses hôtes, être poli avec eux, respecter leurs propriétés, leurs biens, leurs fourrages et n'exiger que ce qui lui est dû.

Il doit n'aller aux latrines qu'à l'endroit (1) désigné pour cela; il doit éviter de fumer dans les écuries et dans les locaux où se trouvent des fourrages et des matières inflammables, et ne se servir que de lanternes bien closes.

Il doit se coucher à l'endroit fixé.

Au cantonnement, il faut être constamment en état de prendre les armes; aussi faut-il faire son paquetage tous les soirs pour n'avoir qu'à le compléter et à le charger rapidement.

Les selles et le harnachement doivent être disposés de façon à être mis rapidement sur les chevaux et les armes placées à la portée du canonnier.

Les voitures sont chargées le soir. Les canonniers doivent connaître l'endroit où est formé le parc.

21. *Cantonnement des chevaux.* — Il ne faut pas attacher son cheval à quelque chose de mobile, comme une charrue, une échelle, des fagots, etc. Sinon il se produit des accidents.

Les écuries à poules sont mauvaises à occuper à cause des plumes et du fumier de poules qui se mélangent au fourrage et à l'avoine.

Le voisinage des bêtes à cornes est souvent dangereux.

22. *Service.* — Dans le groupe de jour, on désigne chaque jour une batterie pour assurer tous les services du cantonnement ou de bivouac : gardes, plantons, police intérieure, distributions, etc.

III. — Orientation. Indices et divers.

23. En campagne le canonnier doit toujours chercher à *s'orienter;* il doit le faire plus spécialement lorsqu'il est éclaireur en reconnaissance, lorsqu'il est en sentinelle ou lorsque, dans le combat, il est en position d'attente; il pourra ainsi assurer sa marche dans la direction qui lui sera indiquée.

S'orienter, c'est savoir retrouver en tous lieux les quatre points cardinaux : le nord, le sud, l'est et l'ouest; de la sorte, il pourra toujours assurer sa marche dans la direction qui lui a été indiquée.

---

(1) Il faut faire des feuillées derrière les maisons, puis chaque jour les reboucher et creuser une nouvelle fosse.

L'étude des indications ci-dessous facilitera l'orientation :

1° Le soleil se trouve à l'est à 6 heures, au sud-est à 9 heures, au sud à midi, au sud-ouest à 15 heures et à l'ouest à 18 heures.

Quand on a le nord devant soi, on a : le sud derrière soi, l'est à sa droite et l'ouest à sa gauche;

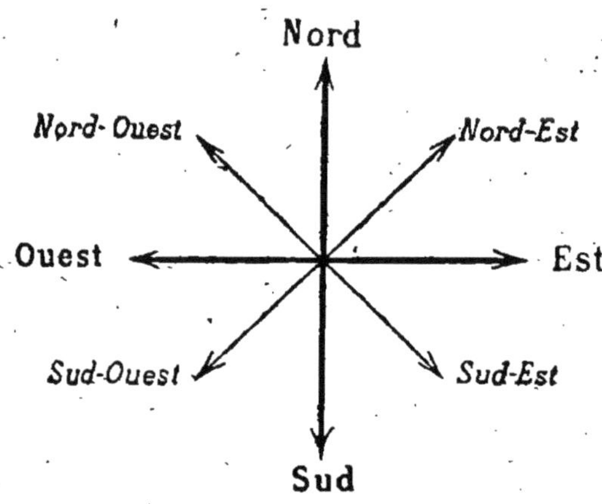

2° La nuit en regardant l'étoile polaire et en lui faisant face, on a, en toutes saisons, le nord devant soi;

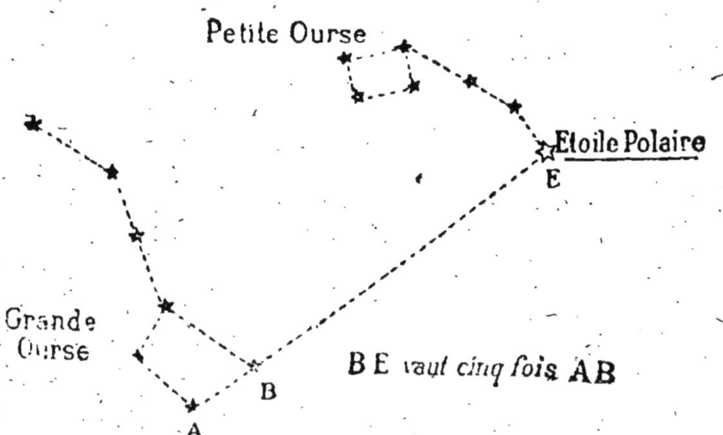

3° La nuit, la lune se trouve :

En pleine lune ○ : à l'est à 18 heures, au sud à minuit, à l'ouest à 6 heures;

En premier quartier ◑ : au sud à 18 heures, à l'ouest à minuit;

En dernier quartier ◐ : à l'est à minuit, au sud à 6 heures;

4° La pointe *bleue* de l'aiguille aimantée d'une boussole est toujours dirigée vers le nord;

5° Les cartes topographiques sont précieuses pour s'orienter : placer la carte parallèlement au terrain par des points de repère très visibles et facilement reconnaissables sur la carte.

Sur les cartes, le nord est en haut, l'est à droite, l'ouest à gauche et le sud en bas.

A une heure quelconque du jour, on peut reconnaître facilement la direction du nord au moyen d'une montre. Si on calcule, à une heure donnée, le nombre d'heures qui se sont écoulées depuis minuit, et si on place dans la direction du soleil le numéro du cadran de la montre correspondant à la moitié de ce nombre, la ligne VI-XII du cadran indique la direction « sud-nord ».

Il est encore plus simple de placer la petite aiguille exactement au-dessus de son ombre; la direction nord-sud est alors donnée par la bissectrice de l'angle que forment les lignes VI-XII et la petite aiguille.

Remarques diverses. — De jour, par les temps couverts et la nuit, il est bon d'interroger les habitants pour savoir de quel côté le soleil se lève et de quel côté il se couche. — Consulter les girouettes.

Dans nos régions, les murs, les rochers, les arbres, les bornes sont plus humides ou plus garnies de mousse du côté du nord-ouest (côté habituel de la pluie et vent). Les vieux poteaux, les croix funéraires s'inclinent vers le sud-est.

Les anciennes églises ont généralement l'autel à l'est.

Évaluation des troupes en vue.

24. A distance, les troupes d'infanterie se détachent sur le terrain sous l'apparence d'une ligne sombre, mince, coupée d'intervalles réguliers. Pour la cavalerie, cette ligne paraît plus épaisse et dentelée; pour l'artillerie, elle est plus irrégulière.

Infanterie. — Dans l'infanterie, la compagnie est l'unité qui correspond à la batterie dans l'artillerie. Le bataillon est de 4 compagnies et le régiment de 3 bataillons (12 compagnies). En marche sur une route, une compagnie d'infanterie de guerre occupe une longueur de 100 à 110 mètres; un bataillon, 450 mètres; un régiment à 3 bataillons, 1.400 mètres.

La durée d'écoulement est pour une compagnie de 50 à 60 secondes, pour un bataillon 5 minutes, pour un régiment à 3 bataillons 17 minutes.

En rassemblement, les compagnies sont ordinairement en colonne de compagnie, les quatre sections l'une derrière l'autre. En Allemagne, la compagnie n'a que trois sections et chaque bataillon a un drapeau.

Le front de combat d'une compagnie (France et étranger) varie de 75 à 150 mètres.

Artillerie. — L'artillerie montée a ses servants soit à pied, soit montés sur les caissons; l'artillerie à cheval a tous ses servants à cheval.

La batterie se compose :

En France : de 4 canons, 12 caissons, 1 forge et 1 chariot de batterie.

En Allemagne et en Italie : de 6 canons, 6 caissons et 1 voiture de batterie.

En Autriche : de 8 canons et 8 caissons.

La longueur d'une batterie est de 350 à 400 mètres, son front de combat de 100 mètres.

Un groupe est la réunion de 2 ou 3 batteries.

La longueur d'une section de munitions est de 500 mètres; elle se compose de 20 à 35 caissons.

Cavalerie. — En France, un régiment a 5 escadrons dont 1 de dépôt et 4 de guerre. L'escadron est l'unité qui correspond à la batterie dans l'artillerie.

Un escadron au complet (175 cavaliers) occupe sur une route une longueur d'environ 120 mètres.

En Autriche, le régiment a 6 escadrons; la cavalerie comprend des dragons, des hussards et des uhlans (pas de lance).

En Allemagne, on a la lance et la carabine avec baïonnette.

En Italie, 6 escadrons par régiment; la cavalerie comprend des lanciers lourds, des lanciers légers (avec la lance) et des chevau-légers. La carabine est munie d'une baïonnette.

Indices.

25. *Population*. — Dans le voisinage de l'ennemi, les habitants sont inquiets; ils sont insolents en pays ennemi.

Poussière. — La poussière soulevée par une colonne d'infanterie est basse; par la cavalerie, elle est haute et légère, par l'artillerie, plus épaisse.

On peut en déduire en outre la direction de marche et la longueur des colonnes.

Reflets. — Les reflets du soleil sur les armes et les objets brillants indiquent une troupe en mouvement. Nombreux reflets : la troupe s'avance ordinairement.

Reflets incertains, inégaux, passagers : la colonne se retire.

Feux de bivouac. — De jour, l'intensité de la fumée; de nuit, l'éclat, le nombre des feux, leur lueur au ciel signalent l'emplacement et l'importance des bivouacs.

Bruits divers. — Le roulement des voitures, le claquement des fouets, le hennissement des chevaux, les aboiements prolongés des chiens sont en général l'indice d'un passage de troupes.

Traces. — Dans un chemin ou à travers champs, les traces des pas des hommes et des chevaux, les empreintes des roues de voitures peuvent renseigner sur la direction prise par les colonnes et les troupes, et même sur leur importance et leur formation.

Emplacements quittés. — Les emplacements où une troupe a bivouaqué ou bien où elle a fait une grand'halte permettent de reconnaître la force et la composition des troupes.

Ruses de guerre de l'ennemi.

26. Dans les dernières guerres et notamment en 1870-1871, les Allemands employèrent assez souvent des ruses déloyales pour nous tromper. Le canonnier doit donc être prudent et savoir bien se rendre compte pour ne plus s'y laisser prendre.

Les principales ruses employées ont été de : Faire répandre par des envoyés spéciaux au milieu de nos soldats le bruit : « Nous sommes trahis. » (Il faut arrêter ceux qui colportent ce bruit et les livrer à l'autorité.)

Lever la crosse en l'air, puis tirer lâchement quand nos soldats s'approchaient.

Faire un faux usage du drapeau blanc, en criant en français : « Ne tirez plus. »

Employer les sonneries françaises de nos trompettes et de nos clairons : « Cessez le feu, Halte-là, En retraite », etc.

Méfions-nous !

IV. — Combat de l'artillerie.

27. La batterie pour les marches et pour le combat se fractionne en *batterie de combat* et en *train régimentaire.*

La batterie de combat est constituée par les huit premières pièces; elle peut tout entière marcher à toutes les allures.

Le train régimentaire est constitué par la 9e pièce; il est commandé par le maréchal des logis d'approvisionnement.

La batterie de combat se fractionne *elle-même* en *batterie de tir* et *échelon de combat.*

Le batterie de tir est constituée par les cinq premières pièces. La 5e pièce constitue un premier échelon de ravitaillement sous le nom de *caissons de premier ravitaillement.* La trompette de la batterie de tir est porteur du télomètre.

L'échelon de combat est commandé habituellement par un officier de réserve ayant sous ses ordres l'adjudant. Il comprend les 6e, 7e et 8e pièces.

28. Le canonnier doit être bien convaincu qu'en présence d'une artillerie en batterie :

1° Aucune troupe en formation dense ne saurait se mouvoir à découvert sous son feu, sans s'exposer à des pertes très sérieuses capables d'ébranler son moral et d'arrêter sa marche;

2° Les obstacles habituels du champ de bataille (murs, levées de terre, etc.) éprouvent, dans un temps très court, des effets de bouleversement et de destruction, qui seront, en général, suffisants pour en chasser les défenseurs. Toutefois, contre des positions que l'ennemi aura pu organiser à loisir, il sera parfois nécessaire de recourir à l'artillerie lourde.

29. La caractéristique de l'artillerie au combat c'est la rapidité et la précision. Le feu de l'artillerie ne peut, à lui seul, chasser l'ennemi de ses positions. Il n'a qu'une efficacité contre un ennemi abrité. Pour amener cet ennemi à se découvrir, il faut l'attaquer avec de l'infanterie. L'artillerie appuie l'infanterie en détruisant tout ce qui empêche celle-ci de progresser.

La coopération étroite et constante de l'infanterie et de l'artillerie s'impose donc au combat de la façon la plus absolue.

La tâche de l'artillerie sera considérablement facilitée si elle parvient à dominer les batteries adverses, mais la lutte d'artillerie ne doit avoir d'autre objet que de permettre à cette arme de disposer, par la suite, de plus de forces contre les objectifs d'attaque de l'infanterie.

Pendant l'attaque, l'artillerie couvre de projectiles les objectifs contre lesquels marche l'infanterie. Elle cherche à combiner, autant que possible, des feux de front et des feux d'écharpe, à la fois pour que le tir soit plus efficace et pour qu'il puisse être continué jusqu'au dernier moment.

Si l'assaut réussit, des fractions d'artillerie couronnent aussitôt les positions conquises, afin d'en affirmer la possession et d'entamer, sans retard, l'exploitation du succès.

En cas d'échec, c'est sous la protection du feu de l'artillerie que l'infanterie se reforme pour reprendre l'attaque.

L'artillerie suit le combat dans toutes ses phases; partout et toujours son action est nécessaire; elle détruit les forces de l'adversaire et facilite la marche en avant de la cavalerie et de l'infanterie. Elle ne perd jamais de vue son infanterie; toujours elle doit être là pour briser les résistances qui s'opposeraient à sa marche. Elle assure donc la victoire !

30. Le canonnier dans le combat doit être *consciencieux, alerte, attentif* et apporter la plus grande rapidité et la plus grande précision dans l'exécution des ordres.

Il suffit d'un seul servant opérant mal pour compromettre le tir d'une batterie.

Lorsqu'on est en réserve, il ne faut pas s'impatienter, mais attendre le moment prochain de se porter en avant.

Il faut toujours être à sa place dans le dispositif adopté.

Une solidarité complète et la camaraderie du champ de bataille doivent exister entre toutes les troupes et entre les différentes armes.

Laissons les blessés sur le terrain, le personnel des ambulances vient derrière pour les ramasser et les soigner.

Soyons loyaux dans le combat et cléments pour le prisonnier et pour un ennemi blessé; ils doivent être respectés.

Le canonnier doit donner à l'action toute son âme et être persuadé que l'issue de l'action générale peut dépendre de son action personnelle et de celle de sa pièce.

V. — La liaison dans les opérations militaires.

31. La *liaison* assure la convergence de tous les efforts vers le but à atteindre, en établissant un échange constant de communications entre le commandement et ses subordonnés, et entre les chefs d'unités voisines.

Nature des signaux.

32. Les signaux constituent un moyen de correspondance *à vue,* dont on se sert quand les circonstances ne permettent pas d'employer d'autres procédés de communication.

Pendant le jour, les signaux sont exécutés à bras; la nuit, avec le feu d'une lanterne.

Ils servent à transmettre les signes de l'alphabet Morse (traits ou points).

A) *Signaux alphabétiques Morse.*

(Doivent être connus des gradés et des soldats agents de liaison et de transmission.)

33. Le système de correspondance employé est l'alphabet Morse.

Les signaux sont représentés :

De jour : le point, par l'apparition (1) d'un seul bras ou d'un seul objet; le trait, par l'apparition (1) de deux bras ou de deux objets.

---

(1) Lorsque les circonstances permettent de transmettre sans gêne, debout ou à genou, les bras sont placés horizontalement à hauteur de l'épaule pour figurer le point ou le trait.

De nuit : le point, par une émission lumineuse (demi-seconde) ; le trait, par une émission lumineuse longue (deux secondes).

Intervalles entre chacun des signaux d'une même lettre : environ une demi-seconde.

Intervalle entre deux lettres d'un mot, entre deux chiffres, avant ou après un signe de ponctuation : environ quatre secondes.

ALPHABET

A	- —	I	- -	S	- - -
B	— - - -	J	- — — —	T	—
C	— - — -	K	— - —	U	- - —
CH	— — — —	L	- — - -	V	- - - —
D	— - -	M	— —	W	- — —
E	-	N	— -	X	— - - —
É	- - — - -	O	— — —	Y	— - — —
F	- - — -	P	- — — -	Z	— — - -
G	— — -	Q	— — - —		
H	- - - -	R	- — -		

CHIFFRES

1	- — — — —	5	- - - - -	8	— — — - -
2	- - — — —	6	— - - - -	9	— — — — -
3	- - - — —	7	— — - - -	0	— — — — —
4	- - - - —				

PONCTUATION

POINT - - - - - - VIRGULE - — - — - —

B) *Signaux de service.*

34. Station ouverte : *de jour (faire apparaître le bras ou un objet maintenu immobile); de nuit (feu fixe).*

Appels : *série de traits et de points alternés. Continuer, jusqu'à ce que le correspondant réponde : « Invitation à transmettre ».*

Invitation à transmettre : *B R* (— - - - - — -).

Erreur : *Faire une série de points (7 au moins).*

Attente : *A S* (- — - - -).

Compris : *I R* (- - - — -).

Fin d'un mot (1) : *Donner le point.*

Fin de transmission : *A R* (- — - — -).

Changer la face du fanion. Employer le fanion : *Élever un fanion et tourner plusieurs fois la main en changeant la face du fanion.*

---

(1) Après chaque mot, le transmetteur s'arrête jusqu'à ce que le récepteur lui donne « le point »; celui-ci reconnaît la fin d'un mot à l'arrêt du transmetteur.

Couper la transmission : *Trait prolongé.*

Mauvais feu en vue : *Couper la transmission, puis faire une série de points qui indiquent au correspondant de régler la direction de son feu, de vérifier si la lanterne est en bon état, si sa lampe brûle régulièrement. A mesure que la communication se rétablit, envoyer des séries de points de plus en plus précipités si le feu devient mauvais, de plus en plus lents dans le cas contraire jusqu'au moment où la communication peut reprendre. Envoyer alors le signal : « Invitation à transmettre. »*

C) *Signaux conventionnels.*

(Connus du plus grand nombre d'hommes possible.)

Munitions.	lettre M ▬ ▬	répétée plusieurs fois.
Ennemi.	— E -	—
Infanterie.	— I - -	—
Cavalerie.	— C ▬ - ▬ -	—
Allonger tir artillerie	— T ▬	—

VI. — Alimentation en campagne.

35. En campagne, l'ordinaire ne fonctionne plus de la même façon, car en général toutes les denrées sont fournies gratuitement aux troupes. On continue à préparer les repas en commun, autant que possible par pièce.

Il y a souvent avantage à faire la cuisine par section.

En campagne la prime fixe allouée est de 0. 22 et de 0. 23 pour les batteries à cheval, de montagne et l'artillerie à pied.

L'officier d'approvisionnement du groupe fait les distributions journalières au moyen du train régimentaire, qui a deux jours de vivres, et des voitures qui portent la viande fraîche; ce train régimentaire se réapprovisionne aux convois administratifs, qui portent quatre jours de vivres et qui ont en outre avec eux un troupeau.

Les batteries à cheval n'ont que le train régimentaire qui porte un seul jour de vivres. Elles n'ont pas de convois administratifs et vivent sur le pays.

Les généraux peuvent prescrire le procédé de nourriture chez l'habitant; ils peuvent également avoir recours aux réquisitions.

36. *Vivres de réserve.* — Ce sont des vivres qui accompagnent l'homme ainsi qu'il suit :

Avec lui (pain de guerre : deux jours pour l'homme non monté et un jour pour l'homme monté), le reste dans les *avant-trains* pour les huit premières pièces, et dans la *fourragère* pour la neuvième pièce. On doit les conserver pour assurer la nourriture dans des cas exceptionnels, un autre mode d'alimentation n'étant alors pas possible.

Ils sont constitués pour deux jours. On ne doit toucher à ces vivres de réserve que sur un ordre spécial du commandement. Dès qu'ils sont consommés, ils sont remplacés par les soins de l'officier d'approvisionnement.

Ils comprennent :

Pain de guerre (1)	2 jours à 300 gr. = 600 gr.
Viande de conserve assaisonnée (2 boîtes individuelles).	2 — à 300 gr. = 600
Potage salé (1 boîte)	2 — à 50 gr. = 100
Sucre	2 — à 80 gr. = 160
Café en tablettes.	2 — à 36 gr. = 72
Eau-de-vie	0l 0625
Tabac (troupe)	0kg 015
Avoine.	1 jour à 5kg 750 dans les avant trains de caisson et dans le chariot de batteries.

Nota. — Dans les batteries à cheval : 1 jour de vivres et 3 jours de sucre et café; 2 kilos d'avoine (le tout dans les avant-trains).

En campagne, le soldat reçoit la ration forte pendant la période des opérations actives ou des grands froids, et la ration normale pendant les stationnements et les opérations qui n'imposent pas de grandes fatigues (2).

Alimentation pendant les transports en chemin de fer (hommes et chevaux).

37. Pendant les transports de concentration, les hommes reçoivent :

1° De l'Administration militaire, avant le départ et pour toute la durée du trajet : 375 grammes de pain, 100 grammes de conserves de viande assaisonnée par période de douze heures ou inférieure à douze heures (les boîtes sont de 300 grammes);

2° De l'ordinaire, un repas toutes les vingt-quatre heures composé de viande froide, de charcuterie, de fromage ou d'autres denrées;

3° Un quart de café chaud, mélangé d'eau-de-vie ou de tafia, distribué dans les stations-haltes-repas par période de douze heures.

En outre, dans ces stations-haltes-repas, les hommes peuvent remplir leurs bidons d'une boisson préparée en mélangeant 25 centilitres d'eau-de-vie dans 10 litres d'eau.

---

(1) Deux jours représentent 12 galettes en moyenne de pain de guerre.

(2) Voir le tableau des taux des rations, page 66.

38. *Stations-haltes-repas.* — On sonne « la soupe », les fourriers descendent avec deux hommes par wagon et ils reçoivent de l'officier d'administration le café, la boisson préparée et, s'il y a lieu, les vivres destinés à la batterie; la répartition aux hommes est faite dans les wagons.

En chemin de fer, les canonniers portent en sautoir l'étui-musette contenant la gamelle, la cuillère, les vivres, le bonnet de police et, s'il y a lieu, le surfaix et la musette-mangeoire.

39. *Abreuvage et nourriture des chevaux.* — Dès l'arrivée du train dans la station-halte-repas, tous les artilleurs montés se forment en bataille devant leurs wagons.

Ils sont ensuite conduits aux wagons à chevaux et distribuent aux animaux l'eau et le fourrage.

On se sert des seaux en toile de la halte-repas pour l'abreuvage. Éviter de les poser à terre quand ils sont mouillés, pour ne point salir l'eau des réservoirs.

Les distributions aux chevaux étant terminées et les gardes d'écurie relevés, les canonniers remontent dans les wagons, où le fourrier leur distribue les vivres. Ils peuvent ensuite redescendre sur les quais.

Service de santé.

40. Assuré d'abord par les médecins des corps, assistés des infirmiers (1 par batterie) et des brancardiers (4 par batterie montée), ils établissent des postes de secours sur le champ de bataille. Viennent ensuite les ambulances, les hôpitaux de campagne et les transports d'évacuation. Les aumôniers des cultes marchent avec les ambulances.

Convention de Genève.

41. Les établissements où sont soignés les militaires, les voitures d'ambulance et le personnel du service de santé sont neutres. Le personnel a le brassard blanc à croix rouge, les voitures et établissements un drapeau blanc à croix rouge et le drapeau national.

Services divers.

42. La trésorerie, les postes et les télégraphes fonctionnent aux armées par les soins des agents ordinaires de ces services, qui sont mobilisés et organisés en sections.

La direction générale des chemins de fer est sous l'autorité de l'État-major général de l'armée.

VII. — Mobilisation.

Si, à la suite d'un oubli ou d'un manque au respect absolu dû à nos droits et à nos libertés nationales, la France décide, pour son honneur et pour ses intérêts, de tirer l'épée du fourreau, ce sera un grand jour. La mobilisation sera ordonnée ! Les cœurs pleins d'espoir devront battre avec fierté ! Chaque Français se rendra à son poste, toutes les forces vives de la nation se consacreront à la défense du territoire.

La grande machine militaire devra fonctionner; le cœur, l'énergie et la volonté de tous en sont les principaux rouages.

Dans les régiments, les soldats recevront du magasin de la batterie des effets de la collection de guerre préparés d'avance et étiquetés à leur nom, ils prendront la tenue de campagne. Puis ils feront avec ordre et ponctualité les nombreuses corvées qui se présenteront à ce moment.

Les réservistes rejoindront leur corps, les chevaux de réquisition arriveront. Les chemins de fer seront à la disposition complète de l'armée pour les transports, selon les ordres préparés d'avance.

Tous les effets non emportés en campagne par la batterie seront versés au magasin du corps pour servir à différentes formations et au dépôt du corps. Chaque homme fait un petit ballot de ses effets personnels qui ne doivent pas être emportés.

Les batteries sont portées à leur effectif de guerre en hommes et en chevaux par les réservistes affectés d'avance qui rejoignent suivant les ordres du fascicule de mobilisation. Dès leur arrivée, ils sont habillés, équipés et armés; leurs effets et leurs armes sont préparés dans les magasins de la batterie et du corps.

Les réservistes dans leurs foyers doivent toujours se préparer à une mobilisation qui est toujours probable et ils doivent habituer leurs familles à cette idée, le départ sera plus facile pour eux.

Les réservistes et les territoriaux rejoignent partout et ils forment des batteries et des groupes qui viendront renforcer notre armée active.

Si tous les militaires sont bien instruits, comme ceux de l'artillerie actuelle, s'ils ont des sentiments patriotiques bien développés et un grand amour de leur pays, le désir de vaincre, l'armée française pourra ne rien craindre des autres armées de l'Europe. Elle devra conserver son indépendance et être victorieuse.

CINQUIÈME PARTIE

DU CHEVAL ET DES SOINS A LUI DONNER

Service des écuries.

NOTIONS D'HIPPOLOGIE. — NOURRITURE. — GARDE DES ÉCURIES. — LITIÈRE. — PANSAGE. — SELLER. — DESSELLER. — SOINS A LA RENTRÉE. — CHEVAUX MALADES ET BLESSÉS. — TRAITEMENTS.

CHAPITRE XIV

HIPPOLOGIE ET SOINS

§ 1. — DESCRIPTION SOMMAIRE

1. Le corps du cheval peut être considéré comme divisé en trois parties : l'avant-main, le corps et l'arrière-main.

L'*avant-main* comprend les parties du corps du cheval qui se trouvent en avant du cavalier lorsque le cheval est monté : la tête, l'encolure, les épaules, les membres antérieurs.

Le *corps* est la partie du cheval au-dessus de laquelle se trouve le cavalier. Il comprend : le dos, le rein, le ventre, les flancs.

L'*arrière-main* comprend les parties du cheval situées en arrière du cavalier : la croupe, les membres postérieurs.

L'avant comprend :

1° La tête. Dans la tête on rencontre :

1. La nuque.
2. Le toupet.
3. Le front.
4. Le chanfrein.
5. Le bout du nez.
6. Les oreilles.
7. Les tempes.
8. Les salières.
9. Les yeux.
10. Les joues.
11. Les naseaux.
12. La bouche.
13. Le menton et sa houppe.
14. La barbe.
15. L'auge.
16. Les ganaches.
17. Les parotides.

2° L'encolure et le devant qui comprennent :

18. La gorge.
19. L'encolure et sa crinière.
20. Le garrot.
21. Le poitrail.
22. Les ars et l'inter-ars.

3° Les membres antérieurs qui comprennent :

23. L'épaule.
23 bis. Le bras.
24. L'avant-bras
25. La châtaigne.
26. Le coude.
27. Le genou.
28. Le canon.
29. Le boulet.
30. L'ergot et le fanon.
31. Le paturon.
32. La couronne.
33. L'ongle ou le sabot.

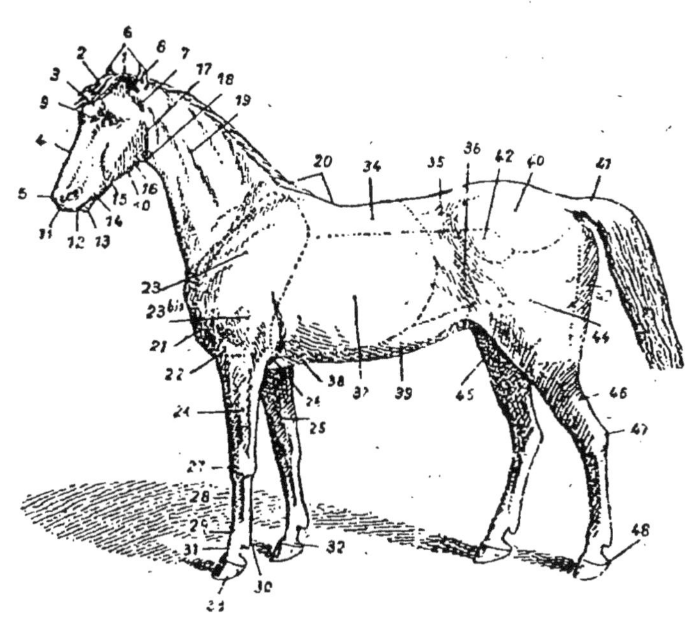

Le *corps* comprend :

34. Le dos.
35. Le rein.
36. Les flancs.
37. Les côtes.
38. Le passage des sangles.
39. Le ventre.

L'*arrière-main* comprend :

40. La croupe.
41. La queue et ses crins.
42. Les hanches.
43. Les fesses.
44. Les cuisses.
45. Le grasset.
46. La jambe.
47. Le jarret.
48. Le pied subdivisé comme ci-dessus.

Les ouvertures naturelles et les organes sexuels sont :

L'anus.
La vulve (chez la jument).
Les mamelles (chez la jument)
Le fourreau (chez le cheval).

§ 2. — Notions sur les robes

2. Le mot *robe* s'applique à l'ensemble des poils et des crins qui revêtent la surface du corps du cheval.

Les robes que l'on rencontre le plus communément sont : l'alezan, le bai, le gris.

L'*alezan* est d'un *seul poil*, dont la couleur peut varier depuis le jaune clair jusqu'au brun foncé; les jambes et les crins sont de la même couleur ou parfois plus clairs.

Le *bai* est caractérisé par la couleur noire de la crinière, de la queue et de l'extrémité des membres : le fond de la robe est d'un seul poil, dont la couleur rougeâtre peut être plus ou moins foncée jusqu'au brun.

Le *gris* est une robe formée de poils blancs et de poils noirs en mélange plus ou moins régulier.

Les chevaux dont la robe est composée de poils blancs et de poils alezans mélangés sont dits *aubères*. Ceux dont la robe comprend des poils blancs, noirs et alezans sont dits *rouans*. Ces derniers ont généralement l'extrémité des membres et les crins noirs.

Un cheval est *noir* lorsqu'il a tous les poils et les crins noirs.

On appelle *rubican* un cheval qui a quelques poils blancs disséminés sur une robe alezane, baie, noire.

On appelle *balzane* une région blanche à l'extrémité d'un membre.

On appelle *en tête* une marque blanche sur le front ou sur le chanfrein.

Le *ladre* est une tache rosée, dépourvue de poils, qui se trouve souvent entre les naseaux, et qui peut se voir également autour des yeux.

Soins à donner aux chevaux.

3. L'état des chevaux et l'exercice qu'on peut exiger d'eux dépendent, sauf accident, des soins qui leur sont donnés, ainsi que de l'ajustage et du bon entretien du harnachement.

4. *Mesures préparatoires avant une route.* — Quelques jours avant le départ, on doit faire mettre le harnachement en parfait état, porter son attention sur la qualité des couvertures et sur le rembourrage des panneaux des selles et des sellettes, et vérifier avec soin l'ajustage du harnachement et particulièrement celui des selles.

On exécute des marches préparatoires qui permettent de reconnaître, par l'examen des chevaux, les harnachements qui ont besoin d'être modifiés ou changés.

5. *Nourriture du cheval.* — La nourriture habituelle du cheval se compose d'avoine et de foin; elle peut comporter éventuellement de la paille, du son, de la farine d'orge, des carottes, du fourrage vert. La ration est variable suivant la nature et l'importance des ressources disponibles.

Autant que possible, on donne aux chevaux, le matin avant le départ, une petite quantité de foin et d'avoine et on les fait boire.

On fait consommer une partie de la ration d'avoine, soit pendant un repos, au cours de la marche ou de la manœuvre, soit à l'arrivée au gîte; la plus forte partie de la ration d'avoine est donnée après le pansage et l'abreuvoir du soir.

On fait boire les chevaux au moins deux fois par jour, autant que possible au moment du repas, avant de leur donner l'avoine. Quand l'eau est très froide ou que les chevaux sont trop pressés par la soif, ou quand on est forcé de les faire boire en dehors des heures de repas, on doit leur couper l'eau, c'est-à-dire les empêcher, en leur relevant la tête de temps en temps, de boire d'un seul trait.

6. *Soins à l'arrivée au gîte.* — Si les chevaux sont couverts de poussière, on éponge de suite les yeux, les naseaux, les lèvres, les organes génitaux, l'anus; on lave les jambes des chevaux, en ayant soin de ne pas les mouiller au-dessus du genou ou du jarret et de sécher ensuite les paturons avec l'éponge.

Les pieds du cheval doivent être l'objet de l'attention constante du canonnier; celui-ci doit visiter les pieds, s'assurer que le fer n'est ni cassé, ni ébranlé, qu'il ne manque pas de clous, qu'il n'y a pas de corps étrangers dans le pied, que les rivets ne dépassent pas la paroi. Toute négligence dans ces prescriptions peut rendre le cheval boiteur ou, tout au moins, lui occasionner un surcroît de fatigue ou des blessures aux membres. Le cheval risque également de se déferrer en cours de route.

On desselle de suite et on déharnache les chevaux; on les masse en frappant légèrement le dos avec la paume de la main sur toute l'étendue de l'emplacement de la selle, afin de prévenir les tumeurs. On les bouchonne (1) jusqu'à ce qu'ils soient secs; si l'on ne peut arriver à les sécher, on étend sur eux la couverture en plaçant entre celle-ci et le dos du cheval une couche de paille sèche.

Après ce pansage sommaire, qui doit durer environ une

(1) Dans le cas où les canonniers ne disposeraient ni de foin ni de paille pour bouchonner leurs chevaux, l'ordre doit être donné de ne desseller que lorsque le dos des chevaux a eu le temps de sécher sous la couverture (environ une heure et demie après la rentrée aux écuries).

Le même ordre doit être donné par les temps de pluie dans les bivouacs.

demi-heure, les canonniers sortent des écuries, où ils ne doivent pas rentrer avant le pansage du soir, afin de laisser aux chevaux le repos maximum.

Pendant le pansage du soir, on examine soigneusement toutes les parties du corps du cheval qui sont en contact avec les harnais, en y passant la main. La moindre tumeur négligée peut mettre un cheval hors de service; il est donc indispensable d'y porter remède dès le début.

Pansage.

7. Le pansage a pour but de débarrasser la peau des corps étrangers qui la souillent et d'en faciliter la sécrétion.

Pour conserver un cheval en bonne santé, il ne faut pas seulement le bien nourrir, mais encore il faut maintenir la propreté de son corps par les soins les plus minutieux.

Le pansage se fait au moins une fois par jour, après le travail, le cheval étant sec; il doit être exécuté avec une grande activité.

L'étrille n'est employée que lorsque le cheval a le poil un peu long; s'il a le poil fin ou s'il est tondu, l'usage de la brosse en chiendent suffit pour enlever la crasse.

L'étrille ne doit jamais toucher les parties osseuses ou trop sensibles, telles que la tête, le bord inférieur de l'encolure, la base de la queue, les hanches, l'épine dorsale, le fourreau, la face interne des cuisses ou des avant-bras, et les parties inférieures des membres.

On repasse ensuite à l'époussette ou torchon-serviette toutes les parties du corps pour lisser et lustrer le poil; on brosse et on nettoie le toupet, la crinière et la queue, puis on termine le pansage en passant l'éponge mouillée sur les yeux et sur toutes les parties sensibles, en curant les pieds et en examinant la ferrure.

Chevaux blessés.

8. Si, après avoir enlevé la selle, on a observé une grosseur (*tumeur*) plus ou moins volumineuse, il faut de suite appliquer dessus et maintenir avec le surfaix une éponge ou même un gazon mouillé avec de l'eau vinaigrée ou salée, ou rendue astringente avec un peu d'extrait de Saturne et, à défaut d'autre chose, avec de l'eau pure. On entretiendra cette éponge ou ce gazon constamment humide en l'arrosant souvent avec le même liquide.

On peut encore faire disparaître ces tumeurs par le massage; pour cela, il faut enduire les poils de savon, afin de les rendre glissants, puis, avec la main, frotter très longtemps, en appuyant sur la tumeur et toujours dans le sens des poils. Quand ceux-ci sont secs, il faut les mouiller de nouveau pour continuer le massage. Si la fatigue oblige le canonnier à suspendre l'opération, il devra la recommencer un peu plus tard, jusqu'à disparition complète de la tumeur.

Lorsque la blessure est avec *plaie*, il faut l'arroser très souvent avec de l'eau pure ou, mieux, avec de l'eau rendue astringente au moyen d'extrait de Saturne, et la couvrir avec de la poudre de charbon. Une solution d'acide picrique fait rapidement sécher les plaies lorsqu'elles sont peu profondes.

On arrête l'aggravation des blessures qui se sont produites par les harnais en déplaçant jusqu'à guérison complète la partie des harnais cause de la blessure, de manière à éviter tout contact. Si ce moyen ne peut être employé, il faut faire usage de coussinets en toile rembourrés de crin d'une consistance moyenne ou, à défaut de crin, rembourrés de foin; on en place un seul près de la blessure, ou on en met deux, un de chaque côté.

On peut aussi employer un morceau de toile cirée ou de peau de mouton.

Toutes les fois que cela est possible, on doit atteler en sous-verge un porteur ou un cheval de selle blessé par la selle, ou employer comme cheval de selle un cheval de trait blessé par le harnais.

Modifications à faire au harnachement pour empêcher les blessures de s'aggraver.

9. Lorsque les blessures, tumeurs, cors, plaies sont légères, le cheval qui en est atteint n'est pas hors de service, mais il est nécessaire de faire à son harnachement certaines modifications pour les empêcher de s'aggraver.

Surveillance des écuries.

10. On commande par batterie un nombre suffisant de gardes d'écurie, selon la contenance des écuries et l'effectif des chevaux. Ce service doit veiller à l'application des consignes données.

Les gardes sont en calotte, en effets de toile et en galoches.

L'hiver, ils mettent en dessous des effets de drap hors de service.

Ils ne doivent faire usage que des manteaux affectés au service de l'écurie.

Ils prennent en consigne, en présence du brigadier, les ustensiles d'écurie (bridons, licols, longes..., etc.) et en constatent l'état d'entretien.

Ils doivent être vigilants, accourir au moindre bruit que font les chevaux, soit qu'ils se battent, s'embarrassent dans leurs longes, dans leurs bat-flanc, ou qu'ils se détachent.

Ils entretiennent les écuries parfaitement propres, ils ne laissent pas séjourner de crottin sous les chevaux et ils relèvent la paille, soit pour le râtelier, soit pour la litière.

Ils empêchent de fumer et d'entrer avec du feu dans les écuries.

Ils ne laissent sortir aucun cheval de troupe sans une autorisation et ils n'admettent aucun cheval étranger au régiment sans un ordre d'un officier ou d'un adjudant.

Ils rendent compte aux gradés de la batterie des chevaux qui se sont échappés ou détachés, du nombre de licols cassés, des accidents ou des indispositions des chevaux.

Si ces accidents ou indispositions se produisent la nuit, ils avertissent immédiatement le maréchal des logis de garde.

L'aération des écuries doit être faite ponctuellement, d'après les ordres reçus selon la saison.

Il faut veiller à ce que les chevaux qui rentrent isolément ne soient pas exposés aux courants d'air.

Chaque fois que l'ensemble des chevaux rentre du travail, il faut fermer les portes pendant une heure et demie ou deux heures.

C'est par le toupet qu'il faut prendre le cheval qui s'est délicoté pour le ramener à sa place.

Litière.

11. Le crottin est enlevé au fur et à mesure qu'il tombe et porté en dehors.

On relève la litière obligatoirement tous les quinze jours, en été comme en hiver, pour enlever la couche de fumier qui s'est formée au contact du sol. Pendant cette corvée, les chevaux sont dehors et on fait le grand nettoyage.

Chevaux malades.

12. Ceux qui sont chargés de la surveillance des chevaux doivent connaître les indices par lesquels se traduit chez eux un état maladif. Des soins immédiats peuvent, dans certains cas, enrayer le mal.

On reconnaît qu'un cheval est malade :

Quand il ne mange pas ou qu'il mange moins qu'à l'ordinaire;

Quand il est triste, qu'il porte la tête basse ou se tient éloigné de la mangeoire au bout de sa longe;

Quand il tousse, qu'il a la respiration accélérée;

Quand il s'agite, se tourmente, ou enfin lorsqu'il y a dans sa manière d'être quelque chose d'extraordinaire.

Dès qu'un cheval présente un ou plusieurs de ces signes de maladie, il faut : le sortir du rang, l'isoler dans la partie la mieux abritée de l'écurie, le tenir chaudement en le couvrant, lui faire boire de l'eau blanchie avec de la farine d'orge, lui supprimer l'avoine et le foin et ne lui donner à manger que de la paille et du barbotage, ne pas le monter, le surveiller et prévenir le vétérinaire.

Quand le cheval tousse seulement, tout en conservant son appétit et sa gaieté, il faut se borner à le tenir chaudement, ne le sortir que couvert et en main, ne lui donner à manger que de la paille et du barbotage et, si l'on a un peu de miel à sa disposition, lui en faire avaler une cuillerée ou deux, matin et soir.

Si le cheval est triste, a de la peine à manger, s'il a la bouche chaude et baveuse et rejette des parcelles d'aliments par les naseaux, c'est le signe d'une inflammation de la gorge; le cas peut devenir très grave; il y a urgence d'appeler le vétérinaire, et, en attendant, il faut tenir chaudement l'animal, lui envelopper la gorge avec une peau de mouton ou avec toute autre chose capable de maintenir la chaleur dans cette région, et ne lui donner que de l'eau blanchie avec de la farine d'orge.

Lorsque le cheval s'agite, se couche, se roule sur le sol, se relève pour se recoucher de suite, regarde son flanc, se plaint et se campe comme pour uriner, c'est l'indice qu'il est affecté de coliques; on doit, jusqu'à l'arrivée du vétérinaire, faire bouchonner vigoureusement l'animal, le bien couvrir, le promener, lui donner quelques lavements tièdes, le réchauffer par des breuvages chauds d'infusion de foin, de plantes aromatiques, de vin ou de bière.

Nota. — Les boiteries, crevasses, bleimes, coups de pied, etc., n'étant jamais soignés par le canonnier, il serait suffisant d'en connaître la définition et les premiers soins avant l'arrivée du vétérinaire. Mais le traitement de l'écart, de la crevasse ou du coup de pied ne sont ni de la compétence du canonnier, ni de ses moyens. Ces traitements lui sont d'ailleurs interdits; seul le vétérinaire est compétent.

SIXIÈME PARTIE

DEVOIRS DU SOLDAT DANS SES FOYERS APRÈS SA LIBÉRATION DU SERVICE ACTIF

CHAPITRE XV

CONSEILS POUR LE DÉPART DE L'ACTIVITÉ

La loi du service militaire est du 21 mars 1905, modifiée le 7 août 1913. Elle prescrit ce qui suit pour les soldats dans leurs foyers, après le service actif :

Affectation.

1. Dans ses foyers, le militaire est affecté à un corps ou à un service. Cela lui est indiqué en détail sur le fascicule de mobilisation qui est placé à son livret individuel.

2. Les militaires dans leurs foyers sont sous l'autorité du commandant du bureau de recrutement de la subdivision de leur domicile, c'est à lui qu'ils adressent leurs demandes par l'intermédiaire de la gendarmerie qui transmet.

Les principales demandes qu'un militaire dans ses foyers peut avoir à faire sont au sujet des périodes d'instruction, de prolongation, de sursis, de devancement d'appel, de dispense de période d'instruction, des changements de domicile ou de résidence, de maladies qui nécessitent la réforme.

3. L'homme, en quittant le régiment, se retire en principe dans sa subdivision d'origine : où il a passé le conseil de revision.

L'autorité militaire doit toujours connaître le lieu où se trouve le militaire dans ses foyers.

Changements de résidence et de domicile.

4. On change de résidence lorsque l'on quitte *momentanément* le lieu que l'on habite pour aller occuper, pendant quelque temps, un autre lieu.

On change de domicile lorsque l'on quitte, *sans l'idée de retour*, le lieu que l'on habite pour aller définitivement ailleurs.

On est tenu de faire sa déclaration de changement de résidence ou de domicile au commandant de la brigade de gendarmerie de sa nouvelle résidence dans le délai d'un mois, étant porteur de son livret individuel.

Sont passibles de punitions disciplinaires, les militaires dans leurs foyers qui ont omis de faire à la gendarmerie ces changements de résidence ou de domicile.

Si l'on fait un voyage de plus de deux mois d'absence de chez soi, il faut aussi aviser la gendarmerie.

Obligations et périodes d'exercices.

5. 1° Les réservistes de l'armée active doivent accomplir (pendant leurs onze années de service dans la réserve) deux périodes : 1° une de vingt-trois jours; 2° une de dix-sept jours;

2° Les territoriaux (pendant leurs sept années de service), une période d'exercices de neuf jours;

3° Les militaires de la réserve de la territoriale (pendant leurs sept années de service) sont assujettis à une revue d'appel (une journée au maximum).

En principe, les réservistes de l'infanterie sont convoqués pour le premier appel (vingt-trois jours), à l'époque des manœuvres d'automne; ceux du deuxième appel (dix-sept jours), dans des camps d'instruction, au printemps.

Sont appelés les années de millésime pair ceux affectés au premier régiment de chaque brigade et aux bataillons de chasseurs de numéros pairs; et sont appelés les années de millésime impair, ceux affectés au deuxième régiment de chaque brigade et aux bataillons de chasseurs de numéros impairs.

Maladie et réforme.

6. Le militaire dans ses foyers qui, par suite d'une maladie ou d'un accident, devient impropre soit au service militaire armé, soit au service auxiliaire, doit immédiatement, dès que le fait s'est produit, en informer l'autorité militaire

A cet effet, l'homme en fait la déclaration au commandant de la brigade de gendarmerie, qui la transmet, après une enquête sommaire, appuyée d'un certificat médical, au commandant du bureau de recrutement.

Le commandant de recrutement envoie au militaire une convocation indiquant le jour, l'heure et le lieu où il devra se présenter devant la commission de réforme. Cette convocation donne droit au tarif militaire sur les chemins de fer pour aller au lieu de convocation et pour le retour, si le titulaire est réformé.

Père de quatre et six enfants.

7. Les réservistes qui sont pères de quatre enfants vivants passent de droit et définitivement dans l'armée territoriale. Ils ne sont plus astreints qu'aux périodes de leur nouvelle classe de mobilisation.

Les pères de six enfants vivants passent de droit dans la réserve de l'armée territoriale.

Le militaire qui se trouve dans un de ces deux cas fait une demande qu'il remet à la gendarmerie, en y joignant : 1° les actes de naissance des enfants ; 2° un certificat de vie des enfants (le tout sur papier libre). Toutefois, ces hommes passés prématurément dans l'armée territoriale ou dans la réserve de l'armée territoriale sont maintenus dans l'armée jusqu'à l'expiration des vingt-cinq années exigées par la loi.

Convocation. Départ. Heure d'arrivée.

8. Les convocations sont faites au moyen d'un ordre d'appel individuel qui comporte un récépissé que l'intéressé retourne gratis, par la poste, au commandant de recrutement.

Pour fixer le jour et l'heure de l'arrivée à destination, on admet que l'homme convoqué quitte sa résidence le *premier jour* de la période à la *première heure*, et on tient compte des journées de route auxquelles lui donnent droit les distances à parcourir et les facilités de communication dont il dispose.

Les règles pour la fixation de l'heure d'arrivée sont les suivantes :

1° *Hommes obligés d'utiliser la voie de terre pour rejoindre leur corps.*

9. Les heures d'arrivée sont basées sur la distance du domicile (ou de la résidence déclarée) jusqu'au corps d'affectation :

On doit arriver le premier jour :

A 8 heures du matin	pour les trajets de	0 à 12 kilom.
A 10 —	—	12 à 20 —
A midi	—	20 à 24 —

Le deuxième jour :

A 8 heures du matin	pour les trajets de	24 à 36 kilom.
A 10 —	—	36 à 44 —
A midi	—	44 à 48 —

2° *Hommes ayant à leur disposition la voie ferrée pour rejoindre leur corps.*

10. Ces hommes *doivent prendre*, en principe, le *premier train de la journée*, susceptible de les amener à destination.

Ils obtiennent le quart du tarif sur les chemins de fer, sur la présentation de leur ordre d'appel.

Sont toutefois autorisés à prendre :

a) Des trains entre 8 heures et midi, les hommes ayant à effectuer à pied, pour se rendre de leur domicile ou de leur résidence déclarée à la gare de départ, un trajet compris entre 8 et 20 kilomètres;

b) Des trains entre midi et 8 heures du soir, si ce trajet est compris entre 20 et 24 kilomètres;

c) Le premier train du deuxième jour, si ce trajet est supérieur à 24 kilomètres.

On doit se présenter à son corps dès l'arrivée dans son lieu de garnison.

L'homme, à son départ, doit être muni de son livret individuel et de son ordre d'appel.

Nota. — L'ordre d'appel peut être utilisé dans un délai de trois jours avant la date fixée pour l'arrivée au corps; il peut également servir deux jours après la date du retour, mais avec une autorisation spéciale du chef de corps.

11. Le militaire doit n'emporter que les effets nécessaires à son voyage et ne prendre comme bagage que le linge qui lui est nécessaire pour le temps de sa période, s'il veut faire usage de son linge personnel.

Comme chaussures, si le militaire a la possibilité de le faire, il est bon qu'il se munisse d'une bonne paire de brodequins larges, déjà brisés, se rapprochant du modèle réglementaire. Ce sera pour lui une garantie pendant les marches.

Sinon, il reçoit à son arrivée au corps, du linge et des chaussures.

Il est bon que le réserviste ou le territorial arrive à son corps avec les cheveux coupés court. Il est libre de porter sa barbe comme il le fait ordinairement.

12. Le militaire qui vient accomplir une période d'exercices *doit arriver à son corps avec la dignité qui convient à un homme qui accomplit un des plus importants de ses devoirs de citoyen.*

Il faut donc qu'il se présente *exactement à l'heure indiquée*, étant propre, convenablement vêtu et surtout *n'étant pas pris de boisson.*

Le devoir est de travailler consciencieusement pendant ces périodes, pour se maintenir à la hauteur de la tâche qu'on peut avoir à remplir le jour, peut-être prochain, où les réserves seraient rappelées pour soutenir l'honneur du drapeau et pour défendre le territoire de la France.

13. Il importe de reprendre, pendant ces quelques jours, la vie militaire en entier, sans chercher à se soustraire à aucun exercice, de prendre les repas à l'ordinaire avec tous les soldats, au nom de l'égalité qui existe au régiment où chacun travaille pour le même but, pour le même idéal : *la défense du pays et la grandeur de la Patrie.*

Secours aux familles.

14. Les familles des hommes de la réserve et de la territoriale qui, au moment de leur convocation, remplissent effectivement les devoirs de soutien indispensable de famille, peuvent recevoir une allocation fournie par l'État pendant la durée de la période. Cette allocation, fixée à 1f 25, sera majorée de 50 centimes pour chaque enfant de moins de seize ans à la charge de l'homme convoqué.

L'homme devra faire, dès qu'il est avisé de sa convocation, une demande écrite au maire, en y joignant :

1° Un relevé des contributions payées par le réclamant ou ses ascendants, certifié par le percepteur;

2° Un état certifié par le maire indiquant le nombre et la position des membres de la famille vivant sous le même toit ou séparément, le revenu et les ressources de chacun d'eux.

Indemnités relatives aux convocations.

15. *Pour l'aller,* les convoqués ont droit à l'indemnité kilométrique en chemin de fer, partout où existe ce mode de transport et quelle que soit la distance à parcourir.

Lorsque leur arrivée normale (d'après les règles données plus haut) a lieu après *midi,* ils ont droit en outre à l'indemnité journalière spéciale de 1f 25 par journée de route.

Les réservistes qui arrivent le premier jour, avant *midi,* c'est le cas général, ont droit à la solde le jour de l'arrivée et ils sont nourris par l'ordinaire dès l'arrivée.

Pour le retour, ils ont droit à l'indemnité kilométrique en chemin de fer, comme pour l'aller. Ils ont droit à l'indemnité journalière spéciale de 1f 25, pour toute journée ou fraction de journée d'une durée de plus de six heures à passer en voyage. L'indemnité n'est pas due pour le jour du départ, si ce jour-là l'homme a pu prendre ses deux repas au corps.

Périodes des hommes à l'étranger.

16. Les hommes fixés à l'étranger et qui y ont une situation régulière, peuvent, sur l'avis du consul de France,

être dispensés des manœuvres ou exercices; ils sont considérés comme ajournés jusqu'à leur rentrée en France.

Toutefois, ceux qui résident dans un pays limitrophe de la frontière peuvent, sur leur demande, être convoqués pour accomplir une période; au commencement de l'année, les commandements de recrutement les avisent que leur classe est normalement convoquée dans l'année.

Dispenses de périodes.

17. 1° Sont dispensés de la première période dans la réserve, les hommes qui ont accompli *intégralement* et jour pour jour quatre années au moins de service actif ou une période de séjour aux colonies, qui ont obtenu la médaille coloniale au titre de l'Algérie, de la Tunisie ou du Sahara, qui ont pris part à des colonnes mentionnées sur les états de service, qui ont séjourné en Chine ou à Casablanca et qui ont pris part à des opérations sur la frontière algéro-marocaine;

2° Sont dispensés des deux périodes d'exercices de la réserve, ceux ayant accompli au moins cinq ans de service.

Sont dispensés de la période de neuf jours d'exercices des territoriaux :

Les sapeurs-pompiers des communes lorsqu'ils sont inscrits depuis au moins cinq ans sur les contrôles des corps de sapeurs-pompiers régulièrement organisés.

Ajournements. Devancements d'appel. Changements de série.

18. Aux termes de la loi, les militaires des réserves convoqués pour une période ou un exercice spécial ne peuvent obtenir *aucun ajournement,* sauf en cas de force majeure, et dûment justifiée (1). Les ajournés seront rappelés, pour une période *absolument similaire,* soit l'année suivante, soit deux ans après; dans les corps qui ont des appels échelonnés, on peut les changer de série.

Des *devancements d'appel* peuvent être accordés :

1° Pour la même année, aux hommes appartenant à des corps dans lesquels ont lieu des convocations par séries ou par appels échelonnés;

2° A titre tout à fait exceptionnel, pour une des années précédentes, à la condition d'accomplir une période identique à celle pour laquelle les réservistes ou territoriaux auraient été convoqués, s'ils appartiennent à des corps qui ne font qu'un seul appel.

---

(1) Toute impossibilité d'ordre matériel ou moral, par conséquent tout préjudice grave et dûment justifié, doit être considéré comme rentrant dans le cas de force majeure prévu par la loi.

Demandes qui peuvent être faites.

19. Les hommes des corps dans lesquels ont lieu des appels échelonnés ou par séries, qui doivent être convoqués dans l'année, peuvent, après la pose des affiches, demander directement à leur chef de corps ou de service, à être appelés aux époques de l'année qui conviennent le mieux à leurs intérêts.

On peut encore faire cette demande au moment où on reçoit sa convocation (devancement d'appel ou changement de série).

Les réservistes d'infanterie astreints au premier appel (23 jours), qui estiment que la convocation normale pendant les manœuvres d'automne serait pour eux une cause de *préjudice réellement par trop grave,* doivent remettre à la gendarmerie, avant le 15 juin, une demande motivée et justifiée adressée à leur chef de corps en vue de ne pas être compris dans cette convocation.

Les demandes transmises après le 15 juin ne sont plus examinées, à moins de cas extraordinaires se produisant brusquement.

A titre exceptionnel, les chefs de corps peuvent faire un appel supplémentaire à la fin de l'année, dans lequel seront convoqués tous ceux qui, ayant des raisons graves et très sérieuses, ont été autorisées à ne pas faire leur période au moment où ils étaient convoqués.

Remise des demandes.

20. Pour les ajournements, les devancements d'appel et les changements de série, les intéressés remettent leur demande motivée et établie à l'adresse du chef de corps ou de service à la brigade de gendarmerie de leur résidence.

Changement de destination.

21. Il ne peut être accordé aucun changement de destination.

Fascicule de mobilisation.

22. Le fascicule de mobilisation est un ordre permanent placé entre les mains de chaque militaire dans ses foyers.

Les ordres qu'il renferme doivent toujours être présents à la mémoire du titulaire, qui devra les exécuter ponctuellement au jour de la mobilisation.

Tout militaire dans ses foyers doit toujours prévoir l'éventualité d'un départ, selon les prescriptions de son fascicule.

Le fascicule, en papier fort, comprend quatre pages seulement.

La première page donne : la classe de mobilisation, le corps d'armée, la subdivision et le numéro de l'homme au contrôle spécial du recrutement, ses noms, son grade et son domicile, puis le régiment, le bataillon, la compagnie (l'escadron ou la batterie) auxquels le militaire est affecté.

La deuxième page donne, en tête, un avis très important pour l'homme, absent de son domicile au moment d'une mobilisation; cet avis lui indique le jour de la mobilisation, auquel il doit se présenter avant 9 heures du matin, à la gare la plus voisine de sa résidence, pour rejoindre directement le lieu désigné.

Cet avis est un ordre.

La troisième page, c'est l'*ordre de route* pour le cas de mobilisation.

Le titulaire du fascicule *doit le connaître en tout temps ;* à l'annonce de la mobilisation, il doit le relire avec attention et *se conformer minutieusement à toutes les indications qu'il donne relativement aux routes à suivre, aux gares à employer, au jour et à l'heure auxquels il doit se présenter à son lieu de mobilisation.* Il faudra obéir aux prescriptions de cet ordre d'une façon complète : c'est une *nécessité absolue* et c'est en même temps un *acte de patriotisme.*

Le militaire doit emporter des vivres selon les indications de son fascicule.

La quatrième page du fascicule est un procès-verbal d'échange du fascicule, qui est signé par l'intéressé au moment où on lui remet un autre fascicule.

APPENDICE

ENGAGEMENTS ET RENGAGEMENTS

Conditions et avantages accordés spécialement aux caporaux, brigadiers et soldats.

Rengagements. — La faculté de contracter un rengagement est accordée à tout militaire en activité qui compte au moins une année de service dans les troupes métropolitaines ou six mois dans les troupes coloniales. Ce rengagement date du jour de l'expiration légale du service dans l'armée active. La même faculté est accordée aux militaires libérés qui ont quitté le service depuis moins de deux ans, s'ils désirent entrer dans les troupes métropolitaines; à tous les militaires libérés comptant moins de trente-six ans d'âge, s'ils désirent entrer dans les troupes coloniales. Toutefois, le militaire libéré ne peut rengager que pour trois ans au moins dans les troupes coloniales. Dans les troupes métropolitaines, le rengagement minimum qu'il peut contracter doit lui permettre de compléter au moins quatre ans des services.

Les rengagements sont renouvelables jusqu'à une durée totale de quinze années de service pour les sous-officiers ou anciens sous-officiers de l'armée métropolitaine, pour les caporaux, brigadiers ou soldats de cette armée, occupant certains emplois désignés par le ministre de la Guerre, pour les militaires de tous grades de l'armée coloniale, du régiment de sapeurs-pompiers de Paris, et de certains corps de l'armée métropolitaine d'Afrique, désignés par le ministre.

De dix années pour les brigadiers et soldats dans les régiments de cavalerie et les batteries des divisions de cavalerie;

Et de cinq années pour les brigadiers, caporaux et soldats des troupes métropolitaines.

Dans les limites indiquées ci-dessus, les militaires de toutes armes et de tous grades peuvent contracter des rengagements de six mois, un an, dix-huit mois, deux, trois, quatre et cinq ans.

Peuvent être maintenus sous les drapeaux, comme rengagés, après quinze ans de service :

1° Les militaires de toutes armes et de tous grades, pourvus dans les différents corps et services de certains emplois déterminés par le ministre de la Guerre;

2° Les militaires de la gendarmerie, de la justice militaire, du régiment de sapeurs-pompiers de Paris, de la remonte, et le personnel employé dans les écoles militaires.

La durée maximum des rengagements successifs que peuvent contracter les militaires ayant plus de quinze ans de service est fixée à deux années; l'âge maximum auquel ils sont rayés des cadres est de cinquante ans, à l'exception des militaires occupant certains emplois sédentaires fixés par le ministre de la Guerre, et qui peuvent être maintenus jusqu'à soixante ans. Les militaires de la gendarmerie pourront être maintenus jusqu'à l'âge de cinquante-cinq ans.

Nombre de rengagés à admettre. — Le nombre des sous-officiers de chaque corps de troupes de l'armée métropolitaine restés sous les drapeaux au delà de la durée légale du service, en vertu d'un rengagement, est fixé aux deux tiers de l'effectif total des militaires de ce grade.

Toutefois, ce nombre pourra être porté aux trois quarts de cet effectif total par la nomination au grade de sous-officiers, de caporaux ou brigadiers rengagés. Les sous-officiers ainsi promus recevront la solde afférente à leur emploi, mais continueront de n'avoir droit qu'aux avantages pécuniaires et aux emplois réservés attribués aux caporaux ou brigadiers rengagés.

Le nombre des caporaux rengagés est fixé au quart de l'effectif total dans l'infanterie. Dans le régiment de sapeurs-pompiers de Paris les régiments de tirailleurs indigènes, les régiments étrangers, les bataillons d'infanterie légère d'Afrique, le nombre des sous-officiers rengagés peut atteindre la totalité de l'effectif.

Avantages assurés aux rengagés.

Haute paie. — Tout militaire lié au service pour une durée supérieure à la durée légale a droit, à partir du commencement de la quatrième année de présence sous les drapeaux, à une haute paie journalière.

TABLEAU

HAUTES PAIES D'ANCIENNETÉ

Militaires français des corps français et indigènes et militaires français servant au titre français dans les régiments étrangers

GRADE	ARME OU SERVICE	HAUTE PAIE JOURNALIÈRE			OBSERVATIONS
		Après 3 ans de service	Après 6 ans de service	Après 10 ans de service	
		fr. c.	fr. c.	fr. c.	
Sous-officier et assimilé.	Cavalerie et artillerie des divisions de cavalerie.	I 20	A partir de la 6e année, les hautes paies sont comprises dans la solde mensuelle.		
	Autres armes ou services	I 00			
Brigadier ou caporal.	Cavalerie et artillerie des divisions de cavalerie.	0 93	0 98	I 03	
	Autres armes ou services	0 60	0 65	0 70	
Soldat.	Cavalerie et artillerie des divisions de cavalerie.	0 85	0 90	0 95	
	Autres armes ou services	0 20	0 25	0 30	

Suppléments de haute paie.

Compagnies de cavaliers de remonte.	Brigadiers et cavaliers français.	0f 25
	Sous-officiers	0 40
Cavalerie et artillerie des divisions de cavalerie . . .	Brigadiers et soldats : après 3 ans. . . .	0 35
	après 4 ans. . . .	0 60
Autres corps : militaires de tous grades		0 10

(Ces suppléments sont alloués dans les corps désignés par le ministre.)

Haute paie des cavaliers de manège.

	1re haute paie	2e haute paie	3e haute paie
Sous-officiers.	0f 30	0f 50	0f 70
Brigadiers.	0 16	0 20	0 30
Cavaliers.	0 12	0 15	0 25

Prime d'engagement ou de rengagement. — Tout militaire des troupes métropolitaines qui contracte un engagement ou rengagement de manière à porter la durée de son service à quatre ou cinq années, a droit à une prime proportionnelle au temps qu'il s'engage à passer sous les drapeaux en sus des trois premières années.

PRIMES D'ENGAGEMENT OU DE RENGAGEMENT

Militaires français des corps de troupe français et indigènes et militaires français ou étrangers servant au titre français dans les régiments étrangers.

Primes pour les engagements de quatre ou cinq ans, et pour tout rengagement portant la durée du service à quatre ans, quatre ans et demi ou cinq ans, à l'exclusion des rengagements en surnombre contractés dans les conditions de la loi du 17 juillet 1908.

DÉSIGNATION		CATÉGORIES ([1])				OBSERVATIONS
		1re	2e	3e	4e	
		fr.	fr.	fr.	fr.	
I — Engagements						
Engagements	de 4 ans	100	150	200	250	
	de 5 ans	200	300	400	500	
II — Rengagements						
Du commencement de la 4e année jusqu'à la fin de la 5e année de service, il est alloué, pour une année de rengagement . .	Sous-officiers.	360	420	»	»	
	Caporaux brigadiers et soldats . . .	100	150	200	250	

([1]) Le ministre fait connaître annuellement la répartition des corps de troupe entre les diverses catégories.

Dispense de période d'exercices de la réserve. — Les militaires ayant accompli au moins quatre années de service ou une période de séjour aux colonies sont dispensés de l'une des deux périodes d'exercices de la réserve.

Ceux ayant accompli au moins cinq ans de service sont dispensés des deux périodes d'exercice de la réserve.

Pour avoir droit à ces dispenses, un militaire doit avoir figuré à l'effectif d'un corps quatre ou cinq ans jour pour jour.

Pensions. — Les militaires de toutes armes qui quittent les drapeaux après quinze ans de service effectif ont droit à une pension proportionnelle à la durée de leur service; après vingt-cinq ans de service, ils ont droit à une pension de retraite.

Emplois civils. — Les emplois désignés au tableau F également annexé à la loi du 7 août 1913 sont réservés, dans les mêmes conditions, aux sous-officiers, brigadiers et caporaux de toutes armes qui ont accompli au moins quatre ans de service, et aux simples soldats ayant accompli au moins cinq ans de service dans la cavalerie ou l'artillerie des divisions de cavalerie. Un certain nombre des emplois de ce dernier tableau sont réservés aux militaires de tous grades de l'armée coloniale ayant quinze années de service, dont dix au moins dans l'armée coloniale, et aux militaires de tous grades de certaines unités métropolitaines d'Afrique désignées par le ministre, ayant accompli quinze années de service dont dix au moins dans des corps; ces militaires ont également droit aux autres emplois du même tableau.

Avantages matériels et moraux aux rengagés.

A) Dispositions spéciales aux sous-officiers rengagés

1° Dans tous les corps, on devra régler la répartition des locaux de manière à arriver, autant que possible, à affecter une chambre spéciale à chaque sous-officier rengagé;

2° Chaque sous-officier rengagé devra recevoir un ameublement;

3° Les sous-officiers rengagés sont autorisés à orner leur chambre. Les chefs de corps veilleront à ce que cette mesure ne donne lieu à aucun abus;

4° Le port de l'éperon d'ordonnance avec le pantalon d'ordonnance est autorisé pour les sous-officiers rengagés en tenue de ville.

B) Dispositions spéciales aux caporaux et brigadiers rengagés

1° Les caporaux et brigadiers rengagés recevront des effets en drap de sous-officier, mais leur tenue comportera des galons de laine et la soutache d'ancienneté;

2° Il leur sera attribué un bahut ou petite armoire fermant à clef;

3° Les caporaux et brigadiers rengagés sont autorisés à vivre au mess ou à la cantine; cette disposition ne sera pas appliquée pendant les exercices à l'extérieur et les manœuvres d'automne;

4° Toutes les fois que des impossibilités résultant de l'exiguïté du casernement ne s'y opposeront pas, il devra être créé pour les caporaux et brigadiers rengagés une salle de réunion et de consommation avec bibliothèque;

5° Les caporaux et brigadiers rengagés jouiront de la permission permanente de 10 heures du soir;

6° Ils subiront, dans des chambres éloignées des locaux disciplinaires des hommes, les punitions de salle de police et de prison;

7° Les caporaux et brigadiers rengagés seront envoyés au bain-douche comme les sous-officiers, en dehors des heures fixées pour les autres hommes de troupe.

C) Dispositions spéciales aux soldats rengagés

1° Les soldats rengagés sont autorisés à avoir une petite caisse à bagages pour renfermer les effets qui leur appartiennent en propre;

2° Ils jouiront de la permission permanente de 10 heures du soir;

3° Les cavaliers et artilleurs rengagés pourront être dispensés d'un certain nombre de gardes d'écuries, dans la mesure permise par les circonstances et qui sera fixée par les chefs de corps;

4° En principe, les soldats rengagés ne devront pas prendre la garde le dimanche.

TABLE DES MATIÈRES

Pages

TROISIÈME PARTIE

ÉDUCATION GÉNÉRALE POUR LE TEMPS DE PAIX

CHAPITRE V

L'ARMÉE ACTIVE

CHAPITRE VI

CHAPITRE VII

CHAPITRE VIII

CHAPITRE IX

CHAPITRE X

CHAPITRE XI

QUATRIÈME PARTIE

SERVICE DE GUERRE

CHAPITRE XII

ORGANISATION DE LA BATTERIE ET TENUE DE CAMPAGNE

CHAPITRE XIII

SERVICE EN CAMPAGNE — ORIENTATION — INDICES COMBAT — LIAISON — MOBILISATION

CINQUIÈME PARTIE

DU CHEVAL ET DES SOINS A LUI DONNER

CHAPITRE XIV

HIPPOLOGIE ET SOINS

SIXIÈME PARTIE

DEVOIRS DU SOLDAT DANS SES FOYERS APRÈS SA LIBÉRATION DU SERVICE ACTIF

CHAPITRE XV

APPENDICE

NANCY-PARIS, IMPRIMERIE BERGER-LEVRAULT

Hausse
Guidon
Trajectoire
Ligne de mire

www.ingramcontent.com/pod-product-compliance
Ingram Content Group UK Ltd.
Pitfield, Milton Keynes, MK11 3LW, UK
UKHW021043230726
13926UKWH00004B/1619